JN252917

設計技術シリーズ

初めて学ぶ熱対策と設計法

半導体・電子機器の熱設計と解析

富山県立大学　石塚 勝 著

科学情報出版株式会社

目　　次

1　熱の伝わり方
1　熱伝導

1．はじめに

機器の冷却という問題は、電力や通信用機器の分野ではかなり昔から存在しており、また宇宙機器の分野でも歴史は古い。一般に電気部品の定格出力は多くの場合、抵抗体や絶縁体の耐熱性、つまり具体的には許容温度によって決まるので、それを保護するために熱設計が必要である。

最近になって、コンピュータをはじめとする電子機器の分野で半導体素子の冷却問題が重要になってきた。素子性能の向上に伴い、素子の発熱量が増加し、また機器の薄型・小型化で放熱面積は減少していることから、発熱密度が急激に上昇している。そのため、冷却対策をしないと素子の温度がその許容値を超えてしまう。一般に「半導体素子の温度が2℃上昇すると、その素子の不良率が10 %増大する」といわれている。さらにコンピュータにおいては、熱的性能は寿命や情報処理性能さらに低価格化と密接に関連している。そこで、はじめは、電子機器の冷却の基礎である熱の伝わり方の話をとりあげることにする。

2．熱の伝わり方

電子機器に多数使用されている集積回路が作動すれば、当然のことに熱が発生する。これは電気のエネルギが熱に変化するためである。この熱がどのような経路をたどって流れるかを考えてみる。

たとえばセラミック基板の上に搭載された半導体素子（チップ)、これを封止するふた、端子およびプリント配線板等から構成される場合を考えると、熱が流れる形態はほぼ図１のようになる。ここにおいて、チップ、基板等の固体内および容器内の空気などにおいては熱伝導により、ふた、端子、プリント配線板などの表面から周囲の空気などへは熱放射と熱伝導によって熱が伝えられ、周囲の空気などへ伝えられた熱は対流によって運び去られる。図には、基板上にただ１個のチップが搭載された場合を示したが、基板上に複数個のチップを搭載するマルチチップ実装の場合も、類似の経路で熱が伝えられる[1)]。

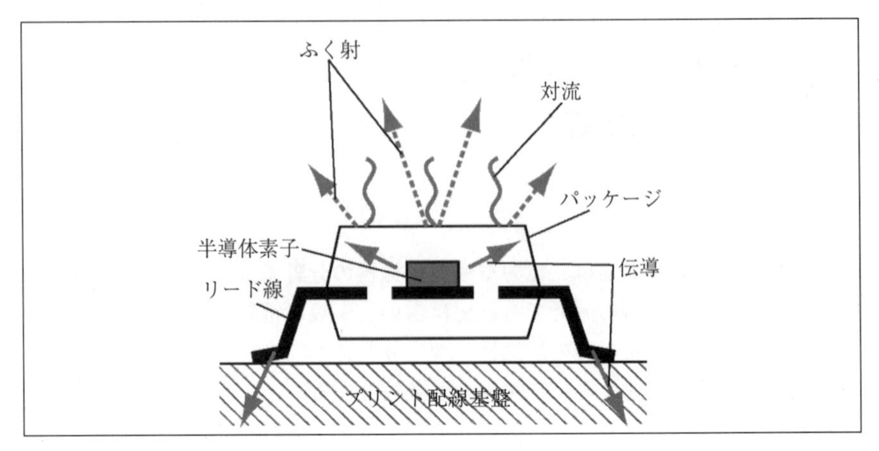

〔図1〕パッケージ内のチップで発生した熱の放熱形態

以上のように、熱が伝わる様式には、熱伝導、対流、熱放射があり、実際にはこれらが混在している。なお、伝熱工学においては、固体表面と、流れている気体あるいは液体との間を熱が伝わる場合を対流熱伝達という。

3．熱伝導

熱伝導は固体内あるいは静止している気体、液体内において行われる伝熱の様式であるが、微視的には、物体を構成する分子から分子へと熱エネルギ（分子運動のエネルギ）が伝わってゆくことであり、必ず温度の高い方から低い方へと伝わってゆく。これは熱力学の第2法則の示すところである。

◇熱伝導の法則：熱伝導によって固体内部を熱が伝わる場合を定量的に扱うことを考える。

一般に固体内部の温度分布は場所および時間と共に変化する。すなわち、物体内部にとった座標系（x, y, z）に対して、温度分布は、

$$T=T(x, y, z, \tau)$$

として表わされる。

このとき、時間が変わっても温度分布が変化しなければTはτを含まない。このような場合を定常熱伝導という。これに対して、時間と共に温度分布が変化する場合を非定常熱伝導という。熱伝導の基本となるのは定常熱伝導であり、

温度分布は、

$$T = T(x, y, z)$$

で示され、さらに、熱の流れがx軸方向のみの場合は、

$$T = T(x) T = T(\mathrm{x})$$

となる。この場合を１次元定常熱伝導という。

実際の場合に１次元定常熱伝導ということは厳密にはあり得ないが、近似的に１次元定常熱伝導とみなして理論的解析を行えば、容易に温度分布の概略値が得られるという利点があり、よく利用される。後述する熱回路網法という解法では、この近似を用いる。

熱伝導の法則はフランスの数理物理学者フーリエ（1768～1830）によって与えられた。それは次のように述べられる。

材質が均一な固体内において１次元（x軸方向のみ）の場合を考えると、xに直角な微小断面積dAを通過する単位時間当りの熱量dQは、温度勾配dT/dxとdAに比例する。

$$dQ = -\lambda \frac{dT}{dx} dA \quad \cdots\cdots (1)$$

ここで、dT/dxの前の負号は、熱の流れる方向をx軸の正の方向とするとき、z軸の正の方向に温度が降下するからである。式(1)において、λは物質特有の常数であり、これをその物質の熱伝導率という。式(1)をフーリエの法則という。

本書ではS1単位を用いているので、単位時間当りの熱量はワット（W）で表わす。

式(1)から、熱流束（熱流の方向に直角な単位面積当りの単位時間当り熱量）は、

$$q = \frac{dQ}{dA} = -\lambda \frac{dT}{dx} (W/m^2) \quad \cdots\cdots (2)$$

となる。

3—1　熱伝導率

式(1)および式(2)からわかるように、熱伝導率λの単位は、W/m·K（Kはケルビン）である。SI単位系では温度差（℃）を表わすのにKを用いるが、本書

〔表１〕水の熱伝導率（1atm (1013.25hPa) のときの値）

温度（℃）	熱伝導率（W/m·K）
0	0.569
10	0.587
20	0.602
30	0.618
40	0.632
50	0.642
60	0.654
70	0.664

では℃も使うことにする。便利さを優先したいためである。熱伝導率は物質内部において熱が流れるとき、熱の「流れやすさ」を表わす量といえる。これは電気伝導の場合の導電率に相当する量である。

熱伝導率は物質常数であって、物質の種類・温度・圧力などによって変化する。

熱伝導率は物質の３相（固体、液体、気体）に対して考えられる。

(1) 固体の中でも、金属と非金属とでは熱の伝わり方が異なり、金属の熱伝導率は非常に大きい。これは自由電子の動きの違いとされている。また非金属でも、非晶体では結晶体よりも熱伝導率は小さい。有機物の固体（プラスチックなど）も結晶体より熱伝導率が小さく、エレクトロニクスに用いられる場合に放熱能力の小さい部分となる。

(2) 液体（水銀を除く）では、非金属固体ほどではないが、分子が気体よりは密につまっており、やはり分子の振動エネルギが次々と隣の分子へ伝わっていくことによって熱が伝わると考えられる。液体の熱伝導率は常温付近でほぼ0.1～0.7（W/m·K）くらいの範囲にあり、液体の中では水の熱伝導率が最も大きい。水はエレクトロニクスにおいては発熱部の冷却媒体として用いられることがあり、常圧下における熱伝導率の温度特性は表１のようになる。

(3) 気体分子運動論的考察により、気体の熱伝導率は温度に依存し、気体の熱伝導率は温度と共に増加する。気体の中では水素とヘリウムがとくに熱伝導率が大きく（空気の５～７倍）、このため気体ヘリウムがコンピュータな

〔表２〕主な物質の熱伝導率[1)]

物質名	温度（K）	熱伝導率（W/m・K）	物質名	温度（K）	熱伝導率（W/m・K）
銀	300	427	石英ガラス	300	1.38
銅	300	398	ほうけい酸ガラス	300	1.10
アルミニウム	300	237	エポキシ樹脂	300	0.30
Al合金（超ジュラルミン）	300	120	シリコン樹脂	300	0.15
モリブデン	300	138	ナイロン	300	0.17～0.24
73黄銅（30Zn）	300	121	水	300	0.61
ケイ素	300	148	水	400	0.69
軟鋼（0.23C）	300	51.6	変圧器油	360	0.124
はんだ（50Sn）	300	46.5	エタノール	300	0.166
ガリウムヒ素	300	54	水素	300	0.181
酸化ベリリウム	300	272	ヘリウム	300	0.153
アルミナ	300	36	空気	300	0.026
			空気	400	0.032

どの冷却用に使われる場合がある。

一般に熱伝導率は温度の関数であり、大体の傾向をいえば、温度の上昇（0～100℃くらいの範囲で）とともに、水銀を除く純金属では減少、水では増加、多くの有機液体では減少、気体では増加する。

表２にエレクトロニクス用材料を含む主な物質の熱伝導率を示す。

3－2　熱伝導の基本的計算法

3－2－1　平行平面板

図２のように、厚さLの均質な平行平面板があり、熱伝導率λは一定とする。図のようにx軸をとり、熱の流れはx軸方向に１次元的で境界平面の温度は$x=0$で、T_1に$x=L$でT_2に保たれているとする。フーリエの法則式(1)を適用すると、熱流束は、

$$q=-\lambda\frac{dT}{dx}$$

$$\therefore dT=-\frac{q}{\lambda}dx$$

これを積分して、境界条件は$x=0$で$T=T_1$および　$x=L$で$T=T_2$であるから、

$$q=\frac{\lambda}{L}(T_1-T_2)\quad(\mathrm{W/m^2})$$

となり、いま平行平面板の面積をλ(m²)とすれば１秒間に流れる全熱量は、

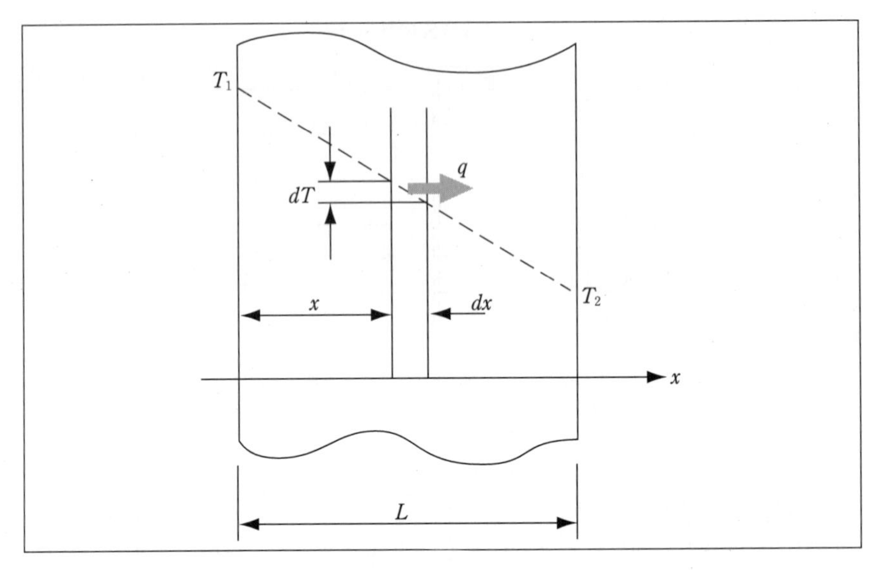

〔図２〕平行平面板

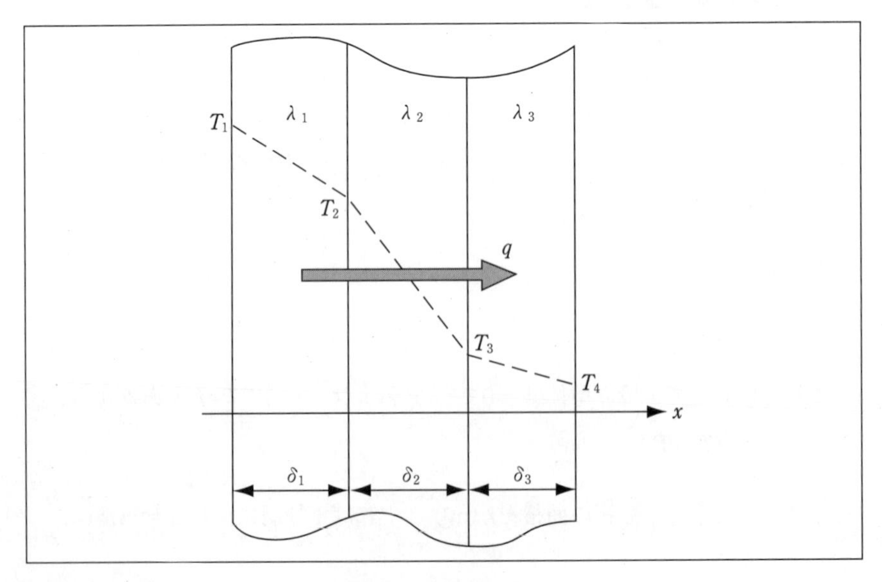

〔図３〕多層平面板

$$Q = qA = \frac{\lambda}{L}(T_1 - T_2)A \quad \text{(W)} \quad \cdots\cdots (3)$$

となる。

また、容易にλが一定のときは、$0 \leqq x \leqq L$においてTは直線的に変化することがわかる。

3－2－2　多層平行平面板

図３のように、３種類の均質な平行平面板が重なっている多層構造を考える。各層の厚さをδ_1、δ_2、δ_3とし、それぞれの熱伝導率をλ_1、λ_2、λ_3とする。各層の境界面では温度差はなく、温度はx軸方向に連続とする。

境界面での温度をT_1、T_2、T_3、T_4とすると、定常状態において熱流束qはすべての層について同じであるから、

$$\begin{aligned} q &= \frac{\lambda_1}{\delta_1}(T_1 - T_2) \\ &= \frac{\lambda_2}{\delta_2}(T_2 - T_3) \\ &= \frac{\lambda_3}{\delta_3}(T_3 - T_4) \end{aligned}$$

これらの式から、$(T_1 - T_4)$を求めると、

$$(T_1 - T_4) - q\left(\frac{\delta_1}{\lambda_1} + \frac{\delta_2}{\lambda_2} + \frac{\delta_3}{\lambda_3}\right)$$

$$\therefore q = \frac{(T_1 - T_4)}{\dfrac{\delta_1}{\lambda_1} + \dfrac{\delta_2}{\lambda_2} + \dfrac{\delta_3}{\lambda_3}} \quad (\text{W/m}^2) \quad \cdots\cdots (4)$$

以上は平行平面板が３層の場合であるが、一般にn層の場合も同様の方法により、

$$q = \frac{T_1 - T_{n+1}}{\displaystyle\sum_{i=0}^{n} \frac{\delta_i}{\lambda_i}} \quad \cdots\cdots (5)$$

となる。

3－2－3　円管の熱伝導

図４のように、内半径r_1、外半径r_2、長さ（紙面に直角方向）lの円管を考え

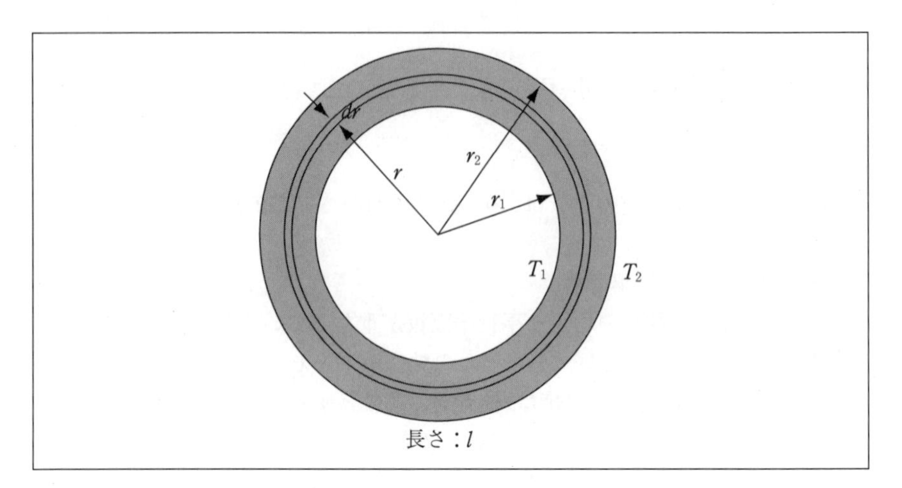

〔図４〕円管の熱伝導

る。内面の温度をT_1、外面の温度をT_2（$<T_1$）とし、それぞれ一定とする。材料の熱伝導率λは一定とし、温度は半径rの方向にのみ変わるとする。図のように厚さdrの薄肉円管を考えると、この円管を半径方向に通過する熱流量Qは、

$$Q = -\lambda A \frac{dT}{dr}$$

$$= -\lambda(2\pi rl)\frac{dT}{dr}$$

$$\therefore dT = -\frac{Q}{2\pi rl}\frac{dr}{r}$$

積分定数をCとすれば、

$$T = -\frac{Q}{2\pi\lambda l}\ln r + C$$

境界条件：$r=r_1$のとき$T=T_1$を用いると、

$$T_1 = -\frac{Q}{2\pi\lambda l}\ln r_1 + C$$

同じく、$r=r_2$のとき$T=T_2$を用いると、

$$T_2 = -\frac{Q}{2\pi\lambda l}\ln r_2 + C$$

以上からCを消去すると、

$$T_1 - T_2 = -\frac{Q}{2\pi\lambda l}\ln\frac{r_1}{r_2}$$

$$\therefore Q = \frac{2\pi\lambda l}{\ln\frac{r_2}{r_1}}(T_1 - T_2)(W) \quad \cdots\cdots\cdots\cdots\cdots\cdots(6)$$

また円管が薄い場合は、$r_2=r_1+\Delta r$とし、$\Delta r=r_1, r_2$、さらにr_1とr_2の平均をr_mとすると、

$$r_m=(r_1+r_2)/2=(r_1+r_1+\Delta r)/2=r_1+\Delta r/2 \text{ B} r_1$$

であるから、

$$Q \text{ B } 2\pi r_m l\,\lambda\frac{T_1 - T_2}{\Delta r} \quad \cdots\cdots\cdots\cdots\cdots\cdots(7)$$

となる。この式において、$2\pi r_m l$は熱通過の平均断面積であり、$(T_1 - T_2)/\Delta r$は温度こう配であるから、式(3)と比べることにより、薄肉円管の場合は平行平面板の場合と同じになることがわかる。

さらに、多層円管壁の場合も、多層平行平面板と類似の方法で求めることができ、結果は、

$$Q = \frac{2\pi l(T_1 - T_{n+1})}{\sum_{i=1}^{n}\frac{l}{\lambda_i}\ln\frac{r_{i+1}}{r_i}} \quad \cdots\cdots\cdots\cdots\cdots\cdots(8)$$

となる。

3－2－4　中空球の熱伝導

図５のように、０を中心とする球面で構成された中空球において、内外半径をr_1、r_2、熱伝導率をλ（一定）、内外面の温度（一定）をT_1、T_2(T_1>T_2)とする。球対称性から、熱流は半径方向のみに流れ、温度は半径rのみの関数となる。

この問題は、円管の場合とほぼ同様の考え方で解くことができる。すなわち、半径rの位置において、厚さdrの薄い球かくを通して流れる熱量Qは、

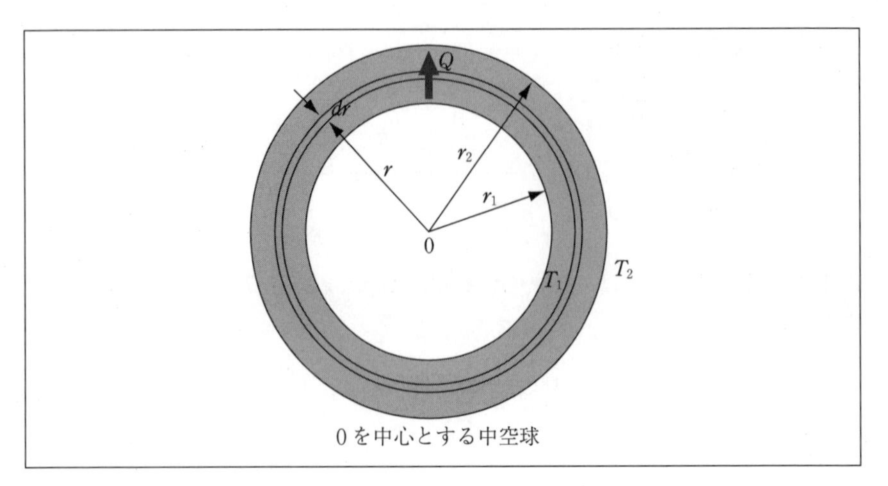

〔図5〕中空球の熱伝導

$$Q = -\lambda A \frac{dT}{dr} = -\lambda(4\pi r^2)\frac{dT}{dr}$$

$$\therefore dT = -\frac{Q}{4\pi\lambda}\frac{dr}{r^2}$$

積分定数をCとすると、

$$T = -\frac{Q}{4\pi\lambda}\frac{1}{r} + C$$

境界条件からCを定め、Qを求めると、

$$Q = \frac{4\pi\lambda(T_1 - T_2)}{\frac{1}{r_1} - \frac{1}{r_2}} = \frac{4\pi\lambda(T_1 - T_2)r_1 r_2}{r_2 - r_1} \quad \cdots\cdots(9)$$

が得られる。

また、境界条件から定めたCを用いて、$T(r)$を求めると、

$$T(r) = T_1 - \frac{(T_1 - T_2)}{\frac{1}{r_1} - \frac{1}{r_2}}\left(\frac{1}{r_1} - \frac{1}{r}\right)$$

となる。

$r_2 = 2r$の場合について、$(T - T_2)/(T_1 - T_2)$を図6に示す。

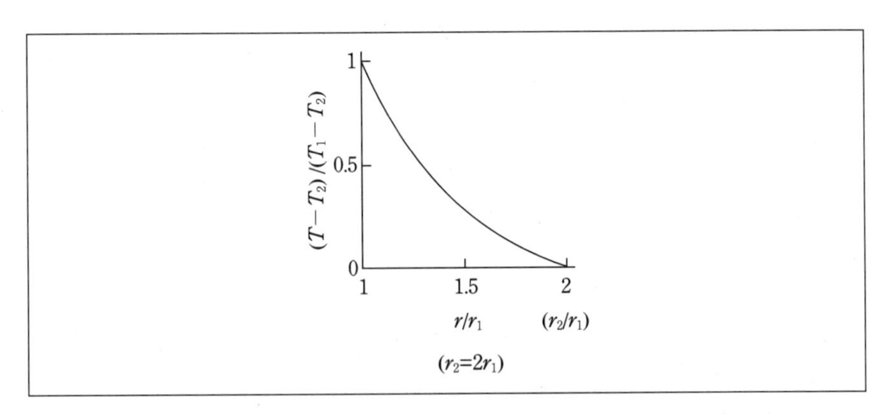

〔図６〕中空球の温度分布

薄肉円管の場合と同じようにして、薄肉中空球の場合も、近似的に平行平面板の場合と同じになることが示される。

中空球の問題は、電子部品の内部で発生した熱が、内部から部品表面に伝わる場合などの近似的モデルとして用いられることがある。

1　熱の伝わり方
2　熱伝導と無次元数

4．熱通過
4―1　熱伝達率

気体または液体から固体表面に温度の高い方から低い方へ熱が伝わる現象を熱伝達という。電子機器においては、フィンの表面から空気に放熱される場合、水冷のコンピュータにおいてコールドプレート（冷却板）と冷却水との間を熱が伝わる場合などがこれに相当する。

固体表面と流体との間の熱伝達を支配する法則は、ニュートンの冷却の法則として知られる。すなわち、単位時間に固体表面を通して伝わる熱量は、表面積Aおよび固体と流体間の温度差に比例する。

$$Q = \alpha A(T_s - T_f) \quad \text{(W)} \quad \cdots\cdots (10)$$

ここでT_sは固体表面の温度、T_fは流体の温度とする。比例定数αを熱伝達率といい、単位は（W/m^2·K）である。ただし、熱伝達率は固体・流体系に関係する多くのパラメータの関数であって、伝熱工学における多くの問題は、種々の条件下において熱伝達率を求めたり、あるいは熱伝達率をどのようにしてできるだけ大きくするか、ということであるといってもよい。

なお当然のことながら、単位面積当りの熱流束は、

$$q = \frac{Q}{A} = \alpha(T_s - T_f) \quad \cdots\cdots (11)$$

4―2　平板の熱通過

たとえば図1において、集積回路のふたの内部が空気などの気体になっていて、電子部品の発熱によって流れが生じ、ふたの外部にはほぼ一定の流速で空気が流れている場合を考える。ふたの一部分を平板とみなすと、その部分の表面に沿って空気が流れ、その部分の温度分布はほぼ図7のようになっていると考えられる。

ふたの内部は温度が高く、ふたの表面から十分離れたところではT_{f1}とする。

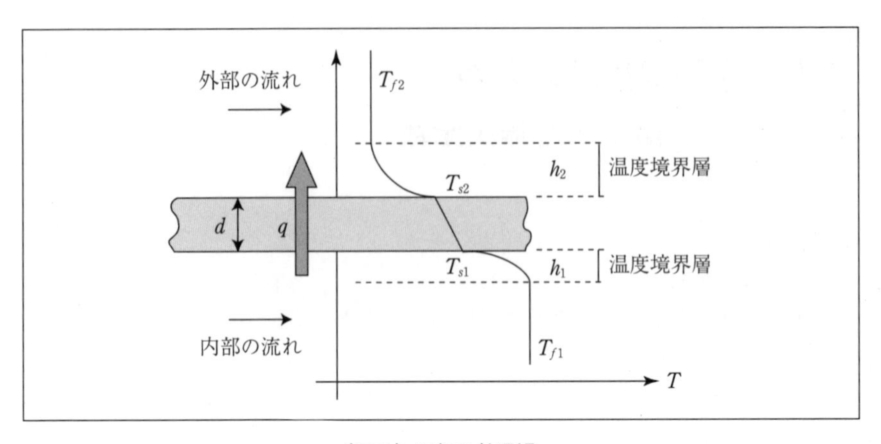

〔図７〕平板の熱通過

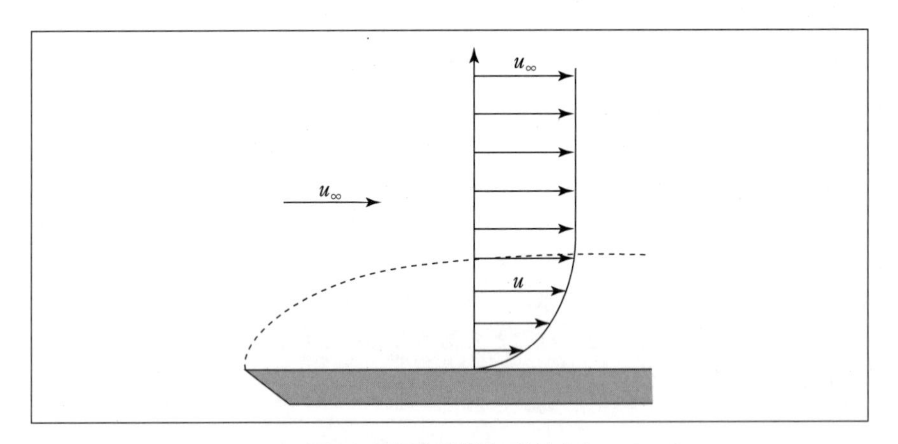

〔図８〕平板表面付近の流速分布

また外部を流れる空気についても、表面から離れた部分の温度をT_{f2}とする。平板の内外表面の温度をそれぞれT_{s1}、T_{s2}とする。一般に、ある速度で流れている流体が固体表面に接している付近では、表面から流体の内部に向かって温度が変化する領域があり、この領域を温度境界層と固体表面あるいは流体のどの部分の温度かということは問題によって異なるが、一般にはそれらを代表する温度と考えてよい。

これに対して、図７には明示していないが、表面から流体内部に向かって流体の流速が変化する領域があり、これを速度境界層という（図８）。熱伝達という現象は、これらの境界層と密接な関係にあり、熱伝達を完全に記述するには境界層の考えが不可欠である。

このように熱が高温側から、流体→表面→固体内部→表面→流体（低温側）と伝わる現象を熱通過という。

前に述べたように、熱伝達は関連する多くのパラメータの関数であるが、一般に気体のみ、あるいは液体のみの流れ（単相流という）においては、関連するパラメータ（温度を含む）の変化範囲があまり大きくなければ、ほぼ一定と考えてよい。

高温側、低温側の熱伝達率をそれぞれα_1、α_2とすると定常状態では、

$$
\begin{aligned}
q &= \alpha_1(T_{f1}-T_{s1}) \\
&= \frac{\lambda}{\delta}(T_{s1}-T_{s2}) \\
&= \alpha_2(T_{s2}-T_{f2})
\end{aligned}
$$

が成り立つ。ここでλは固体材料の熱伝導率、δは平板の厚さである。

上式から、T_{s1}、T_{s2}を消去すると、

$$
q = \frac{(T_{f1}-T_{f2})}{\dfrac{1}{\alpha_1}+\dfrac{\delta}{\lambda}+\dfrac{1}{\alpha_2}} \quad \cdots\cdots (12)
$$

が得られる。式(12)は、両流体間の温度差$(T_{f1}-T_{f2})$を、$R_t=\dfrac{1}{\alpha_1}+\dfrac{\delta}{\lambda}+\dfrac{1}{\alpha_2}$という量で割ると熱流束$q$が得られることを示している。これはちょうど、電気回路において、電位差（E_1-E_2）を電気抵抗Rで割ると電流Iが得られるというオームの法則に相当する形となっている。この意味で前述のR_tを熱抵抗という。R_tの逆数を熱通過率または熱貫流率というが、これは電気抵抗Rの逆数のコンダクタンスに相当する量である。kを用いると、$q=k\ (T_{f1},\ T_{f2})$と表わされる。全熱抵抗値は、

$$
R_t = \frac{1}{\alpha_1}+\frac{\delta}{\lambda}+\frac{1}{\alpha_2} \quad \cdots\cdots (13)
$$

という形をしており、これは$R_{t1}=\dfrac{1}{\alpha_1}$, $R_{t2}=\dfrac{\delta}{\lambda}$, $R_{t3}=\dfrac{1}{\alpha_2}$という３個の（局）

熱抵抗が直列になっているときの合成熱抵抗と見なすことができ、電気抵抗の場合と同じ直列則が成り立っている。これは局所熱抵抗がいくつあっても成り立ち、n個あるときには、

$$R_t = R_1 + R_2 + \cdots + R_n$$

となる。

5．熱伝達の基本事項

流体の流れと固体表面との間の熱の流れが対流熱伝達であるが、よく知られているように、対流には自然対流と強制対流とがある。前者は一般に、流体の温度が上昇するとその部分の密度が小さくなり、いわゆる浮力の影響によって生じる流れのことで、この場合、流れを起こすエネルギ源は重力である。したがって、加熱でなく冷却によって流体の一部分の温度が降下した場合にも自然対流が生ずる。これに対して送風機によって生じる空気の流れや、ポンプによる水の流れなどは強制対流である。

エレクトロニクスにおける例としては、多くの電子交換機は、電子部品の発熱によって生じた自然対流によって装置の換気を行い、内部の温度上昇を防止している。また、パーソナルコンピュータを使用中にときどきファンの回転音がするのは、ファンによる換気で内部の温度を調節しているのであり、この場合は強制対流である。ただし、発熱体を強制対流で冷却している場合を考えると、当然、発熱による自然対流も存在しており、一般には両者が共存するが、いずれかの効果がとくに著しい場合をそれぞれ強制対流、自然対流と呼んでいるのが実状である。

この章では、伝熱工学で用いられるいくつかの無次元数など、重要な基本事項について述べることとする。

5―1　境界層

今、ある領域にわたって均一な流速u_∞の流れの中に、流れに平行に平板を置くとする。この場合、平板は十分に薄くて、平板を流れの中に入れることによって流速分布が大きく変わることはないと仮定する。平板の表面を微視的に見ると、そこでは流体の分子は表面に付着していると考えられ、表面では流速が0になっていると見なすことができる。そして、表面に付着している流体分子層のすぐ外側の流体分子は、分子間引力によって付着分子によって引き戻され

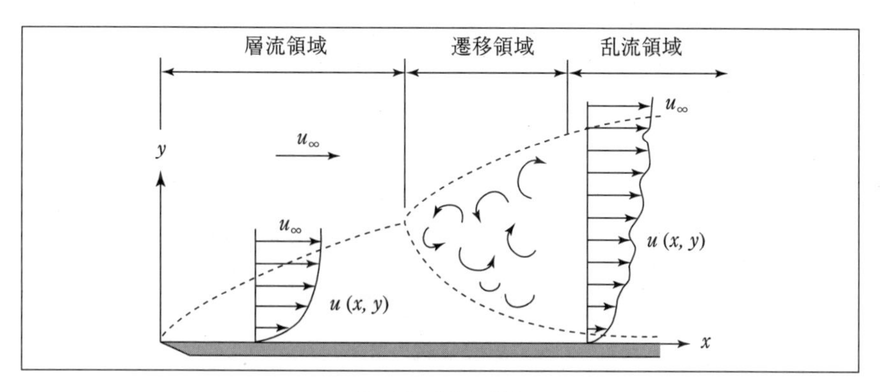

〔図9〕層流と乱流

はするものの、より外側の分子層によって流れの方向に引きずられ、わずかながらも速度を持っている。このようにして、より外側の流体分子ほど、流速u_∞に近づいてゆく。このことは結局、低速度の流体部分と高速度の流体部分との間にずりの力を生ずることを意味し、これが摩擦によるせん断力である。

このようなせん断力の効果により、流速の分布は固体表面の0から、表面から十分離れた部分の流速u_∞まで連続的に変化することとなる。この様子を図8に示す。このように、速度が0からu_∞まで変化する領域（破線で示した部分）を速度境界層という。速度境界層は、低速度の分子層の影響が及んでいる領域ではあるが、その影響は理論的には無限遠までおよんでおり、流速が完全にu_∞に達することはないが、実際上はu_∞にきわめて近くなった（たとえばu_∞の99.9%）と考えられる部分までの領域を速度境界層と定義する。

このような境界層には層流境界層と乱流境界層とがあり、これらはそれぞれ、流れが層流であるか、乱流であるかに対流している。層流、乱流というのは、ほぼその用語の意味に対応した流れである。層流とは、流体分子の運動が全体としてu_∞の方向に平行に揃った流れであって、巨視的な流速ベクトルが平板面と直角方向の成分を持たない。これに対して、乱流とは、流速ベクトルが平板面に直角な成分を持った流れということができよう。もし流れをいわゆる流線として観測すれば、層流においては、平行にきれいに揃った「層状」の流れが見えるであろうし、乱流においては、流れが場所的にも時間的にも変化し、うずが生じたり、振動したりして、「乱れた」流れが観測されるであろう。

なお、一枚の平板においても、平板上の領域によって層流の部分、乱流の部

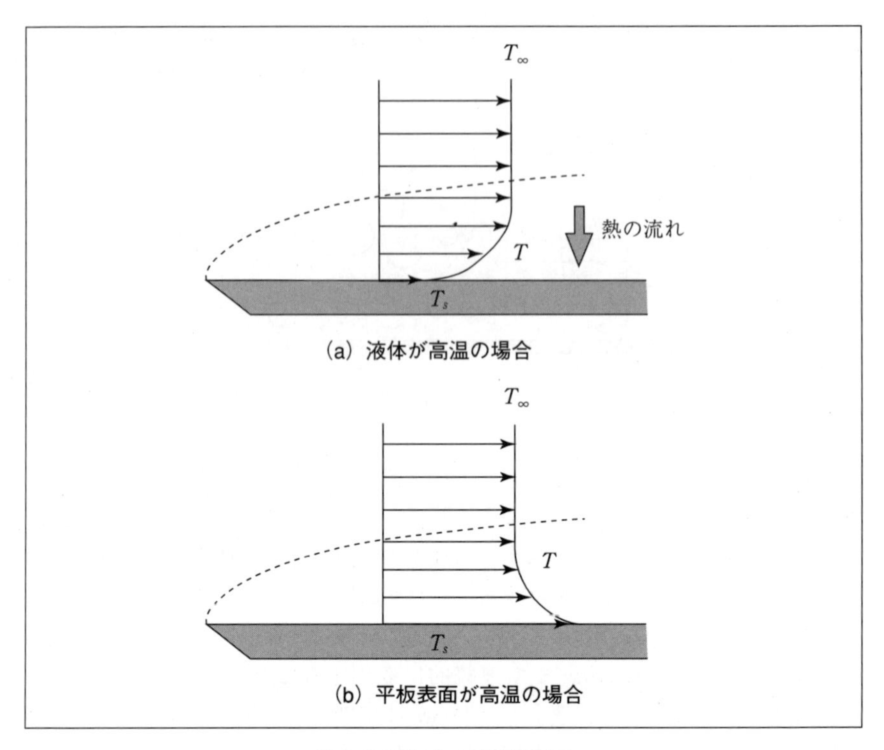

〔図10〕平板上の温度境界層

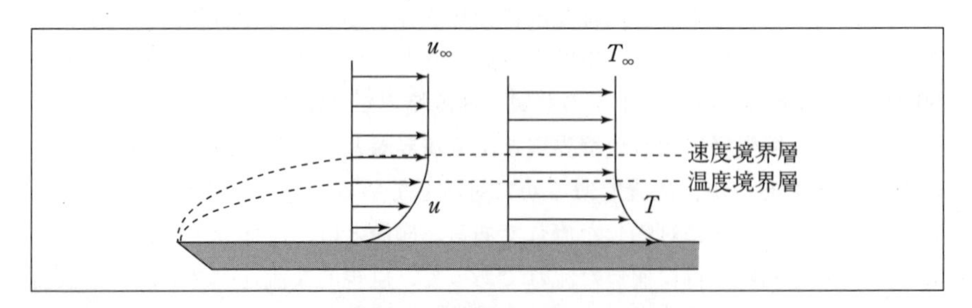

〔図11〕速度境界層と温度境界層

分、両者の重なった部分があり、それぞれ、層流領域、乱流領域、遷移領域などという。その概念図を図９に示す。

また、同様に温度場にも流体の一様温度場と固体表面温度とをつなぐ境界層が存在する。これが温度境界層であるが、温度境界層には、固体表面から流体

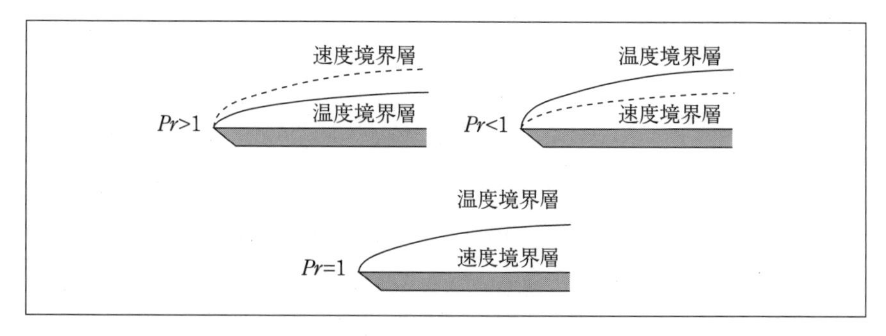

〔図12〕境界層に対する*Pr*の影響

内部に向かって温度が上昇してゆく場合と、下降してゆく場合とがあり、いずれの場合も、表面から十分離れた流体部分では、ほぼ一定の温度に達する。この様子を図10に示す。

以上のように、速度境界層と温度境界層とは別々に定義された概念であるが、両境界層は、それぞれ流体の移動と熱のエネルギの移動とに関係しており、相互に影響を及ぼし合い、両者は類似の形をなしている。その様子を図11に示す。

5－2　平均熱伝達率

熱伝達率の定義は式(15)で与えられるが、通常、熱伝達は場所の関数であり、たとえば図12のように、平板の層流の場合では下流にいくほど温度境界層が厚くなり、熱伝達率は減少する。このように、ある特定の場所に着目した場合の熱伝達率を局所熱伝達率といい、これに対して、ある区間にわたって局所熱伝達率を平均した値をその区間の平均熱伝達率という。理論的に詳細に解析する場合には局所熱伝達率を用いるが、実際に、たとえば放熱フィンの設計などを行うときは、フィン放熱面全体にわたっての平均熱伝達率（α_mなどと表わす）を用いることが多い。

5－3　伝熱工学で用いられる無次元数

一般に、ある量を一般的に表示するのに無次元数が使われる。伝熱工学では、理論解析の面でも実験的研究の面でも多くの無次元数を用いる。ここではそれらのうちの主要な無次元数について述べる。

5－3－1　レイノルズ数

図９に層流と乱流の状況を示したが、このような流れに関係する無次元量と

してレイノルズ数がある。

平面板の場合、先端からの距離L(m)の点におけるレイノルズ数は、

$$R_e = \frac{u_\infty L}{\nu} \quad \cdots\cdots (14)$$

で定義される。ただし、u_∞：表面から十分離れた点の均一流速（m/s）、$\nu = \mu/\rho$：動粘度（m^2/s）、μ：粘度（Pa･s）、ρ：流体の密度（kg/m^3）である。R_eの次元を調べてみると、

$$\frac{[u_\infty][[L]]}{[\nu]} = \frac{m \times s^{-1} \times m}{m^2 \times s^{-1}} = [0]$$

となって無次元であることがわかる。

式(14)を書きなおすと、

$$R_e = \frac{\rho u_\infty^2}{\mu \frac{u_\infty}{L}} \quad \cdots\cdots (15)$$

となる。式(15)の分母は、(粘度)×(速度こう配）の次元を持っているので、粘性によるせん断力を表わしており、分子は（密度)×(速度)^{2}の次元であるが、これをさらに調べると、次元は$[\rho]\times[u_\infty]^2 = kg \times m^{-3} \times (m \times s^{-1})^2 = kg \times m \times s^{-2} \times m^{-2}$となって、「単位面積当りの慣性力」を表わしていると考えられる。ゆえに結局レイノルズ数は、(質量による慣性力)／(粘性によるせん断力）という比を表わしていることになる。

それゆえ、レイノルズ数が大きいということは慣性の影響がより大きいことを意味し、レイノルズ数が小さいことは粘性の影響がより大きいことを意味する。すなわち、レイノルズ数が小さい領域では流れは層流となり、レイノルズ数が大きい領域では流れは乱流となることが考えられる。

実際、平面板上の流れでは、$Re=3\times10^5$くらいまでは層流で、それ以上のReでは乱流となるといわれる。ただし、層流と乱流との境目はそれほど明確なものではなく、Reがある程度大きくなってくると局部的に流れが不安定になり、うずが生じたり、振動したりするようになる。さらに、Reが大きくなっていくと流れは不安定となり、層流の部分が減少する。このような中間的な領域を経て、ついには乱流が発達してくる。このような中間的な領域を遷移領域という。遷移が始まるReを臨界レイノルズ数という。

レイノルズ数は平面板上の流れのみでなく、円管内の流れ、長方形管内の流れなど、他の一般の流れについても用いられることが多く、それらの場合に長さとしては「代表長さ（たとえば円管の内径など）」が選ばれる。電子部品用の放熱フィンでは代表長さとして、フィンの長さ（流れ方向の）が選ばれることが多い。

5－3－2　ヌセルト数

ヌセルト数は熱伝達率に関連する無次元量である。まず定義から述べると、

$$Nu = \frac{\alpha L}{\lambda} \quad \cdots\cdots (16)$$

であり、α：熱伝達率、L：代表長さ、λ：流体の熱伝導率である。次元を調べてみると、

$$\frac{[\alpha][[L]]}{[\lambda]} = \frac{\mathrm{W \times m^{-2} \times K^{-1} \times m}}{\mathrm{W \times m^{-2} \times (K \times m^{-1})^{-1}}} = [0]$$

となり、無次元である。式(16)を書きなおすと、

$$\frac{\alpha L}{\lambda} = \frac{h \cdot \Delta T \cdot A}{\lambda \cdot (\Delta T / L) A}$$

となるが、ΔTを温度差と考えると、この式の分子は、「温度ΔTの間を熱伝達で流れる熱流」を表わし、分母は「温度こう配$\Delta T/L$の部の部分を熱伝導で流れる熱流」を表わしている。ゆえに、ヌセルト数は、「熱伝達で流れる熱と熱伝導で流れる熱との比」と考えることもできる。

5－3－3　プラントル数

例によってプラントル数の定義は、

$$Pr = \frac{\nu}{a} \quad \cdots\cdots (17)$$

である。ただし、$a = \lambda / (\rho c_p)$、a：熱拡散率、c_p：定圧比熱である。

すなわち、プラントル数は動粘性係数と熱拡散率との比であり、物性値である。それゆえPrの大きい流体は粘性の影響が大きく、Prの小さい流体は熱拡散の影響が大きいことになる。粘性の影響は速度境界層に現われ、熱拡散の影響は温度境界層に現われるから、Prが1より大きい流体では速度境界層が発達し、

Prが1より小さい流体では、温度境界層が発達する。

この例として、変圧器油（300K）でPr=367、水（300K）でPr=5.85、空気（300K）でPr=0.727、水銀（300K）でPr=0.025、などである。

前出の図12にPrによる両境界層の変化を示す。

5－3－4　グラスホフ数

グラスホフ数の定義は、

$$Gr = \frac{L^3 g\beta\Delta T}{\nu^2} \quad \cdots\cdots(18)$$

である。ただし、L：代表寸法（m）、g：重力の加速度（m/s²）、β：体膨張係数（1/℃）、ΔT：固体表面と流体との温度差（℃）、ν：動粘性係数（m²/s）である。Grの式の意味は少々わかりにくいが、

$$g\beta\Delta T = g\frac{\Delta\rho}{\rho} = \frac{b}{\rho},\ b\text{：浮力（単位体積）}$$

であるから、

$$Gr = \frac{L^3 b}{\rho\nu} = \frac{L^3 b\rho}{\mu^2} \quad \cdots\cdots(19)$$

となり、Grの分子は「浮力」を表わしていることがわかる。分母は流体の粘性に関する量であるなら、結局、Grは「浮力と粘性力との比」を表わしていると考えることができる。

以上、伝熱工学において最もよく用いられる四つの無次元数：Re、Nu、Pr、Grについて述べたが、一般に、次元解析の結果によれば強制対流においてはNuはReとPrとの関数として表わされ、自然対流においては、Nu_∞はGrとPrとの関数として表わされる。すなわち、

$$Nu = f(Re, Pr)\text{：強制対流} \quad \cdots\cdots(20)$$

$$Nu_\infty = f(Gr, Pr)\text{：自然対流} \quad \cdots\cdots(21)$$

である。

その他にもいくつかの無次元数を挙げるならば、

$$\text{スタントン数：}St = \frac{Nu}{Re\cdot Pr} = \frac{\alpha}{\rho u c_p} \quad \cdots\cdots(22)$$

$$\text{レイリー数：}Ra = Gr\cdot Pr \quad \cdots\cdots(23)$$

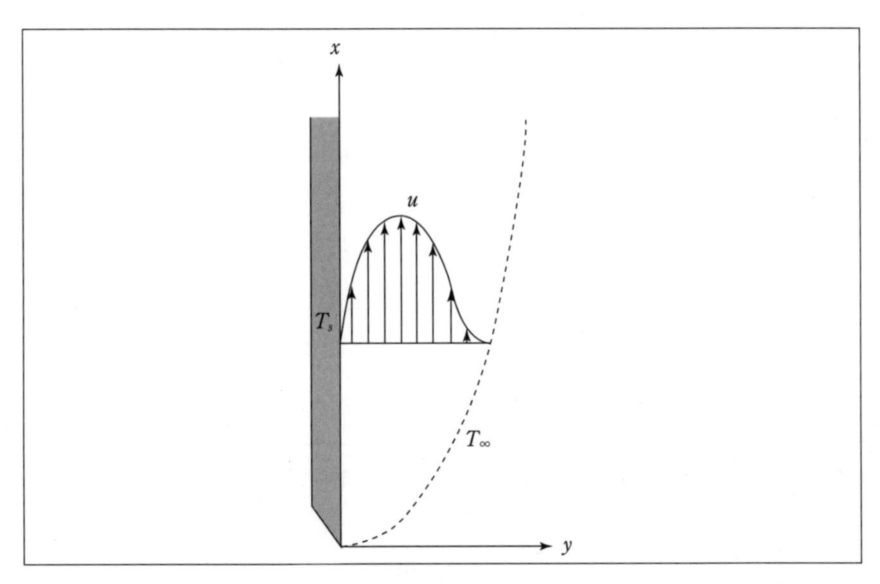

〔図13〕垂直平板の自然対流

マッハ数：$M=\dfrac{u}{c}$ ……………………………(24)

フーリエ数：$Fo=\dfrac{at}{L^2}$ ……………………………(25)

ビオー数：$Bi=\dfrac{\alpha L}{\lambda}$ ……………………………(26)

がある。ただし、α：熱伝達率、ρ：密度、u：速度、c_p：定圧比熱、c：音速、a：熱拡散率、λ：熱伝達率、L：代表長さである。

6．自然対流による熱伝達

図13のように、均一な温度T_∞の静止流体中に温度T_sの平板が垂直に置かれているとする。このとき、平板の付近の流体は平板面によって加熱あるいは冷却されて密度変化を生じ、それによって対流を生じ、板の面の近傍には境界層が形成される。図14のように座標軸をとり、流速成分および温度について方程式を立てると、

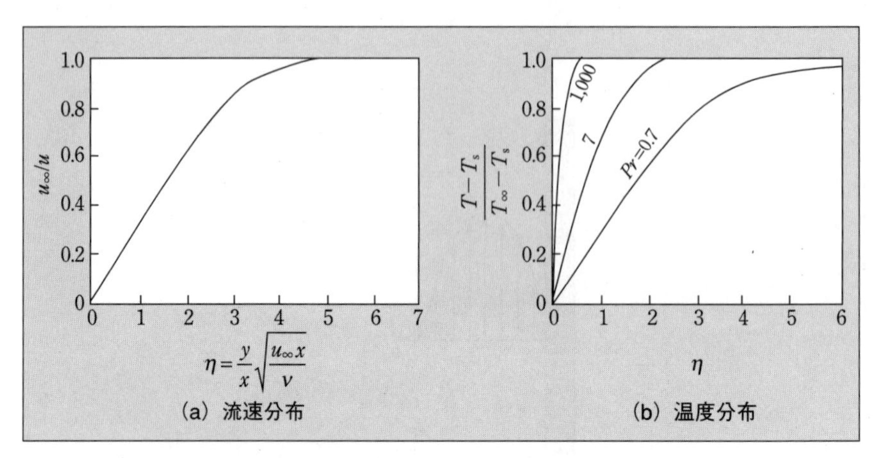

〔図14〕平板層流境界層の流速分布と温度分布の計算例（自然対流）

$$
\left.
\begin{array}{ll}
\dfrac{\partial u}{\partial x}+\dfrac{\partial v}{\partial y}=0 & \text{(a)} \\
\rho u\dfrac{\partial u}{\partial x}+\rho v\dfrac{\partial u}{\partial y}=\mu\dfrac{\partial^2 u}{\partial y^2}+g\rho\beta(T-T_\infty) & \text{(b)} \\
c_p\rho u\dfrac{\partial T}{\partial x}+c_p\rho v\dfrac{\partial T}{\partial y}=a\dfrac{\partial^2 T}{\partial y^2} & \text{(c)}
\end{array}
\right\} \cdots\cdots\cdots(27)
$$

となる。強制対流の場合の式と異なる点は、(b)に浮力の項：$g\rho\beta\,(T-T_\infty)$ があることである。

次元解析結果によると、無次元パラメータの間には次の関係が成り立つ。

$$\frac{Re_x}{\sqrt{Gr_x}}=f\left(\frac{y}{x}\sqrt[4]{Gr_x}\right) \cdots\cdots\cdots(28)$$

$$\eta=\frac{y}{x}\sqrt[4]{Gr_x} \cdots\cdots\cdots(29)$$

変数変換：$\eta=\frac{y}{x}\sqrt[4]{Gr_x}$ を行えば、平板強制対流の場合と同様の方法で速度分布、温度分布を求めることができる。流速分布、温度分布の計算例を図14に示す。

次に熱伝達は、強制対流の場合と同様にして、

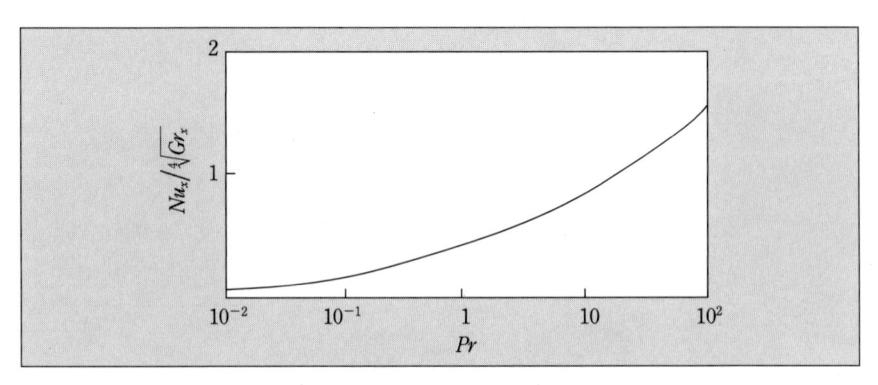

〔図15〕垂直平板自然対流の熱伝達率

$$q_s = -\lambda\left(\frac{\partial T}{\partial y}\right)_s \quad \cdots\cdots(30)$$

より得られる。こうして得られた $Nu_x/\sqrt[4]{Gr_x}$ の値をPrに対して図15に示す。

また、垂直平板の長さLにわたっての平均熱伝達率は、

$$\alpha_m = \frac{1}{L}\int_0^L \alpha_x dx = \frac{4}{3}\alpha_L \quad \cdots\cdots(31)$$

として得られる。

1　熱の伝わり方
3　熱放射とフィン効率

7．放射伝熱

エレクトロニクスの装置においては、物体の表面から放熱が行われることが多い。たとえば図1において、集積回路の容器（パッケージ）の表面から周囲の流体に放熱されるが、これには対流伝熱と放射伝熱とが共存する。放熱能力を高めるために放熱フィンを取り付けるが、このときフィンの表面に放射伝熱を促進するような加工を行うこともある。

放射伝熱は、高温物体から低温物体に直接に空間を通して電磁波の形態で熱が移動することによって行われる。したがって、放射伝熱は真空中でも可能である。人工衛星のエレクトロニクス装置のように、宇宙空間で動作する装置の放熱は最終的には放射伝熱によることとなる。

放射伝熱に主として関係する電磁波は、可視光線（波長0.4μm～0.8μmくらい）より波長の長い領域（1μm以上）の電磁波で、赤外線および遠赤外線と呼ばれる部分にあり、熱作用がいちじるしいので熱線などと呼ばれる。

7―1　放射伝熱の基本法則

あらゆる物体は、絶対0度でないかぎり熱線を放射している。図16のように

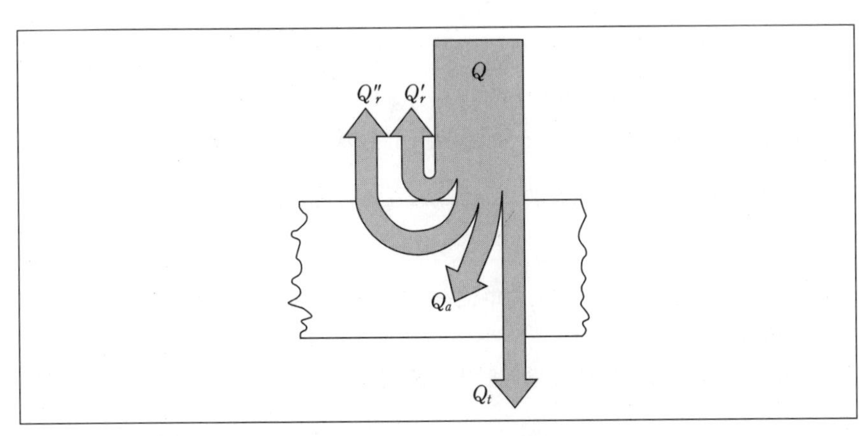

〔図16〕放射エネルギの分配

物体に到達した熱線（Q）の一部（Q_r'）はその物体の表面で反射され、残りの一部（Q_a, Q_r''）は吸収され、さらにその一部（Q_r''）は再放射され、最後に残った部分（Q_t）が物体を通過する。

以上の収支から、

$$Q = Q_r' + Q_r'' + Q_a + Q_t$$

$$\therefore 1 = \frac{Q_a}{Q} + \frac{Q_r' + Q_r''}{Q} + \frac{Q_t}{Q} \quad \cdots\cdots(32)$$

$$= a + r + t$$

ここで、$a = \dfrac{Q_a}{Q}$ を物体の吸収率、$r = \dfrac{Q_r' + Q_r''}{Q}$ を反射率、$t = \dfrac{Q_t}{Q}$ を透過率という。

a=1のときr=t=0となり、到達した熱線はすべて物体に吸収される。このような物体を黒体という。r=1のときはa=t=0であり、到達した熱線はすべて反射される。このような物体を白体という。また、t=1のときは、a=r=0であり、このような物体を透明体という。黒体、白体、透明体は現実に存在する物体ではなく、理論的研究のための概念的な物体である。

7—1—1　プランクの法則

物体表面の単位面積から、単位時間に放射される熱線の量を射出能という。

一般に射出能は、その物体の絶対温度Tを考える電磁波の波長との関係であるから、

$$E_\lambda = E_\lambda(\lambda, T) \quad \cdots\cdots(33)$$

と表わされる。このE_λを単色射出能という。

波長λからλ+λの間に分布する熱線の射出能の総和をdEとすれば、

$$dE = E_\lambda d\lambda \quad \cdots\cdots(34)$$

である。

式(34)の関係から、射出能Eの単位を（W/m^2）とすれば、単色射出能の単位は（$W/m^2 \cdot \mu m$）である。

プランクによれば、黒体の単色射出能$E_{b\lambda}$は、

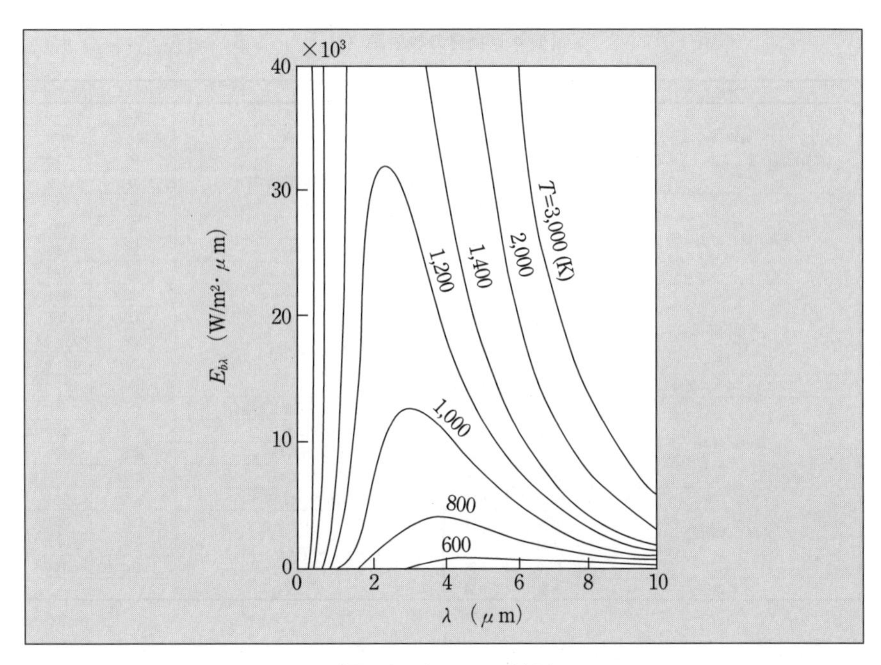

〔図17〕プランクの法則

$$E_{b\lambda} = \frac{C_1\lambda^{-5}}{e^{C_2/\lambda T_1} - 1}(\mathrm{W/m^2 \cdot \mu m}) \quad \cdots\cdots (35)$$

で表わされるという。ここで、λ：波長（μm）、T_1：物体表面の絶対温度(K)、C_1=3.745×10⁸W・μm²、C_2=2.439×10⁴μm/m²・Kである。式(35)をプランクの法則という。

図17に式(35)の変化を示す。図からわかるように、いずれの温度でも$\lambda \to 0$で$E_{b\lambda} \to 0$であり、λが増すと次第に$E_{b\lambda}$は増加して、あるλ_mで最大となり、次に次第に減少して$\lambda \to \infty$で$E_{b\lambda} \to 0$となる。λ_mは　Tの増加とともに小さくなる。このことは、温度が低いときは、物体は波長の長い領域の電磁波をより多く放射するので赤味がかって見え、温度が高くなると、波長の短い領域の電磁波成分が多くなるので、物体は黄色からさらには白色に見えてくることに対応している。これをウィーンの変位則という。

温度Tが与えられたとき、式(35)で与えられる$E_{b\lambda}$（黒体）はその温度におけ

〔表4〕物質の放射率（ε）

物質	温度（℃）	放射率
純粋金属（電気抵抗の著しく高いものを除く）	常温	0.04
	538	0.07
	1093	0.14
	1650	0.25
色面（塗料、れんが）	常温	0.95
	538	0.70
	1093	0.45
	1650	0.35
暗色塗装面	常温	0.95
	538	0.85
	1093	0.80
	1650	0.75
アルミニウム塗料	常温	0.4～0.7
鉄（研磨面）	常温	0.06
	538	0.12
	1093	0.22
	1650	0.26
鋳鋼（研磨面）	常温	0.07
	538	0.14
	1093	0.23
	1650	0.28
圧延鋼板	常温	0.56

物質	温度（℃）	放射率
鋳鉄（黒皮）	常温	0.7～0.8
さびた鋼	常温～538	0.79
ガラス	90	0.88
水および平滑な水面	0	0.97
紙	95	0.89
木	70	0.91
ゴム（硬）	23	0.95
ゴム（軟）	24	0.86
ルーフィングペーパー	21	0.91
各種耐熱材料	常温	0.9
	538	0.3～0.8
	1093	0.3～0.9
	1650	0.2～0.9
研磨面に油の付着した場合		
清潔な面	常温	0.06
0.02mの油付着	常温	0.22
0.05mの油付着	常温	0.45
0.2mの油付着	常温	0.81
セラミック（アルミナ）	260	0.93
	538	0.67
	816	0.44

る単色射出能の最大限を表わしており、一般の物体のE_λは、$E_{b\lambda}$より小さい数εを乗じた値となる。すなわち、

$$E_\lambda = \varepsilon_\lambda E_{b\lambda} \quad \cdots\cdots (36)$$

である。このε_λを単色放射率という。すべてのλに対してε_λが一定となる物体を灰色体という。多くの工業用材料は近似的に灰色体と考えてよい。

7－1－2　ステファン・ボルツマンの法則

式(36)を全波長にわたって積分すれば、黒体表面の単位面積当り射出される射出能E_b（W/m²）となる。すなわち、

$$E_b = \int_0^\infty E_{b\lambda} d\lambda = \int_0^\infty \frac{C_1 \lambda^{-5}}{e^{C_2/\lambda T} - 1} d\lambda = \sigma T^4 \quad \cdots\cdots (37)$$

これをステファン・ボルツマンの法則という。σはステファン・ボルツマン定数といい、

$$\sigma = 5.67 \times 10^{-8} (\mathrm{W/m^2K^4})$$

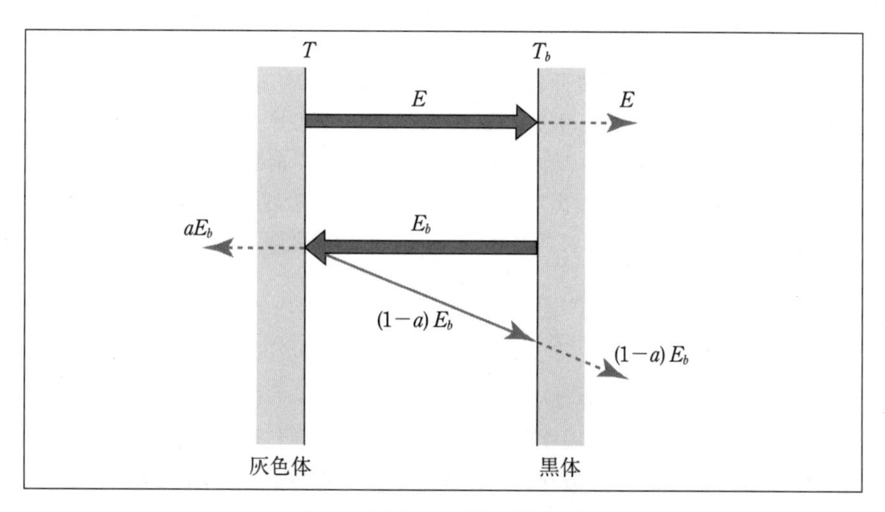

〔図18〕平行２平面間の放射伝熱

である。

実際の物体は近似的に灰色体であるから、その表面の射出能は、

$$E=\int_0^\infty E_\lambda d\lambda=\int_0^\infty \varepsilon_\lambda E_{b\lambda} d\lambda$$

であるが、これをE_bと関係づけるのに、$E=\varepsilon E_b$と表わせば、

$$\varepsilon=\frac{1}{E_b}\int_0^\infty \varepsilon_\lambda E_{b\lambda} d\lambda$$

となる。εは放射率、あるいは全放射率と呼ばれる。ゆえに、灰色体についてのステファン・ボルツマンの法則は、

$$E=\varepsilon E_b=5.67\varepsilon\left(\frac{T}{100}\right)^4 (\mathrm{W/m^2}) \quad \cdots\cdots(38)$$

となる。

表４に種々の固体のεを示す。これを見て大体いえることは、金属光沢のいちじるしい研摩面はεが小さく、酸化面、有機物などはεが大きいということである。

7－1－3　キルヒホッフの法則

図18のように、十分に接近した平行２平面間で放射伝熱が行われるとし、一方を黒体、他方を灰色体とする。温度、放射率、吸収率をそれぞれT_b, T : ε_b, ε; aとする。灰色体表面からの射出能Eは、黒体表面で全部吸収される。これに対して、黒体表面からの射出能E_bのうち、灰色体に吸収される量はaE_bであり、残り$(1-a)E_b$は再射出されて黒体表面に達して全部吸収される。それゆえ、灰色体が射出した熱線は、

$$E-E_b+(1-a)E_b=E-aE_b$$

であり、灰色体の失った熱は$E-aE_b$である。

$T=T_b$のときは両面間に温度差がないから伝熱は行われず熱平衡の状態にある。ゆえに、$E-aE_b=0$であり、$a=E/E_b$となる。放射率の定義$\varepsilon=E/E_b$と比べれば、

$$a=\varepsilon \qquad (39)$$

であることがわかる。すなわち、「物体の放射率と吸収率とは等しい」ことになる。これをキルヒホッフの法則という。キルヒホッフの法則によれば、熱線をよく吸収する物体ほど熱線をよく放射することになり、その極限が黒体である。

7－2　形態係数

放射は電磁波によるものであるから、一方の物体から他方の物体へ射出された電磁波がどのくらい吸収されるか、あるいは反射されるかは相互の伝熱に大きく影響する。

一般に、絶対温度T_1で面積A_1の物体と絶対温度T_2の物体との間での交換熱量$Q^{(2)}{}_1$は以下のように表わされる。

$$Q^{(2)}{}_1=5.67\left\{\left(\frac{T_1}{100}\right)^4-\left(\frac{T_2}{100}\right)^4\right\}F_{12}A_1 \qquad (40)$$

式(40)の中のF_{12}は形態係数と呼ばれ、両面間の幾何学的関係から定まる量である。２平面が十分に接近し、一方の面からの放射がほとんど全部他の面に達する場合には、$F_{12}\fallingdotseq 1$であり、両面間の距離０の極限においては、$F_{12}=1$である。一般には$0<F_{12}<1$となる。

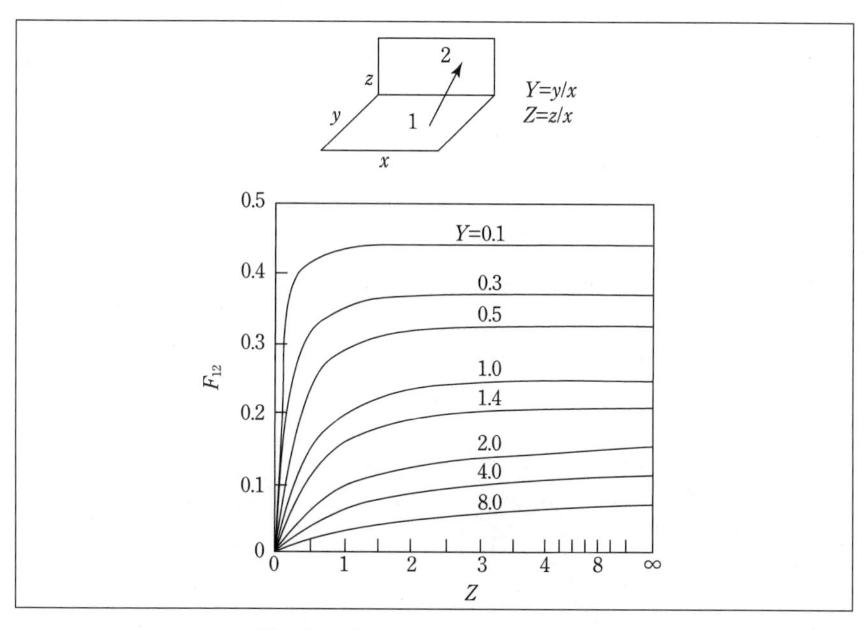

〔図19〕直交する２平面間の形態係数F_{12}

7－2－1　直交する２平面間

直交する２平面間の形態係数の例を図19に示す。また、相対する２平行平面間の形態係数の例を図20に示す。

7－2－2　平行２平面

前項にも述べたように、十分に接近した平行２平面間の放射伝熱においては、１となるので、黒体の場合には、

$$Q^{(2)}{}_1 = 5.67\left\{\left(\frac{T_1}{100}\right)^4 - \left(\frac{T_2}{100}\right)^4\right\}(\mathrm{W/m^2}) \quad \cdots\cdots\cdots\cdots(41)$$

となる。

次に、黒体でない場合、面１の射出能をE_1、吸収率（＝射出率）をε_1、面２のそれらをE_2、ε_2とする。面１からのE_1が面２に到達すると、$\varepsilon_2 E_1$が吸収され、$(1-\varepsilon_2)E_1$は再射出される。この再射出された$(1-\varepsilon_2)E_1$が面１に到達すると、$\varepsilon_1(1-\varepsilon_2)E_1$は吸収され、$(1-\varepsilon_1)(1-\varepsilon_2)E_1$は再射出される。このように順次繰り返

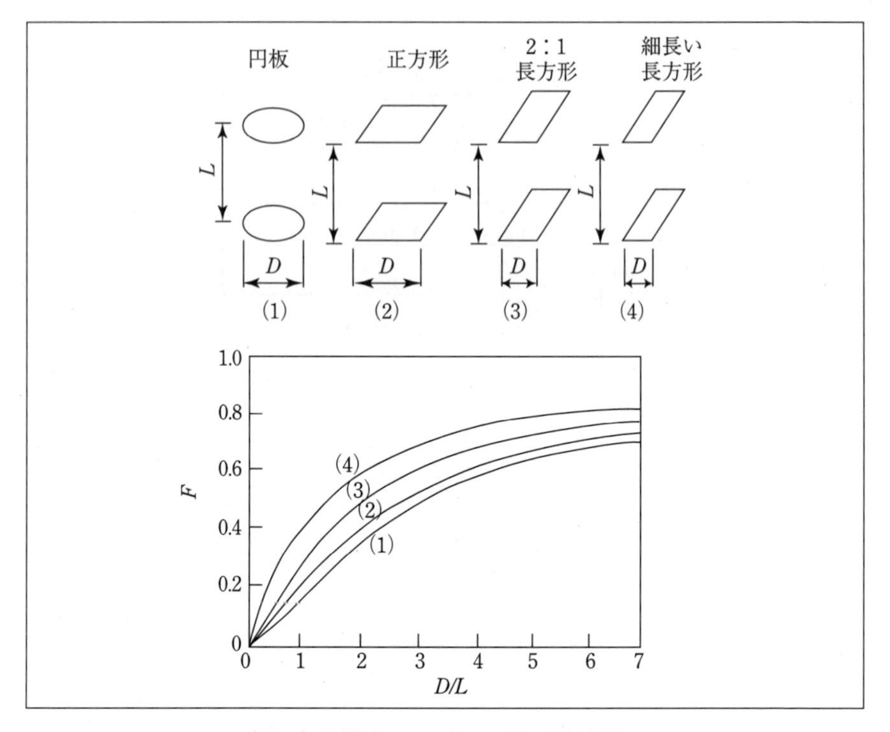

〔図20〕相対する２平行平面間の形態係数F

して、面１からの射出能のうち、面２によって吸収された熱線は、

$$Q_1 = \varepsilon_2 E_1 + \varepsilon_2(1-\varepsilon_1)(1-\varepsilon_2)E_1 + \varepsilon_2(1-\varepsilon_1)^2(1-\varepsilon_2)E_1 + \cdots\cdots$$
$$= \frac{\varepsilon_2 E_1}{1-(1-\varepsilon_1)(1-\varepsilon_2)}$$

これに、$E_1 = 5.67\varepsilon_1\left(\frac{T_1}{100}\right)^4 (\mathrm{W/m^2})$ を用いると、

$$Q_1 = 5.67\frac{\varepsilon_1\varepsilon_2}{1-(1-\varepsilon_1)(1-\varepsilon_2)}\left(\frac{T_1}{100}\right)^4 (\mathrm{W/m^2}) \quad \cdots\cdots\cdots\cdots\cdots\cdots(42)$$

同様にして面２からの射出能E_2のうち、面１によって吸収される熱線Q_2は、

$$Q_2 = \frac{\varepsilon_1 E_2}{1-(1-\varepsilon_1)(1-\varepsilon_2)}$$

$$= 5.67 \frac{\varepsilon_1 \varepsilon_2}{1-(1-\varepsilon_1)(1-\varepsilon_2)} \left(\frac{T_2}{100}\right)^4 \cdots\cdots (43)$$

ゆえに、面１から面２への放射伝熱は、

$$Q = Q_1 - Q_2$$

$$= 5.67 \frac{1}{\frac{1}{\varepsilon_1} + \frac{1}{\varepsilon_2} - 1} \left\{ \left(\frac{T_1}{100}\right)^4 - \left(\frac{T_2}{100}\right)^4 \right\} (\mathrm{W/m^2}) \cdots\cdots (44)$$

となる。ここで、

$$f_\varepsilon = \frac{1}{\frac{1}{\varepsilon_1} + \frac{1}{\varepsilon_2} - 1}$$

とおきf_εを放射係数という。f_εの形からわかるように、$0<\varepsilon_1<1$、$0<\varepsilon_2<1$であるから、$0<f_\varepsilon<1$である。両面が黒体のときは、当然に$f_\varepsilon=1$となる。

８．拡大伝熱面（フィン）

対流熱伝達において、面積Aの伝熱面からの放熱を考えるとき、伝熱量は次式で与えられる。すなわち、

$$Q = \alpha A(T_s - T_f)$$

である。ただし、T_sとしては、伝熱面の平均温度をとることとする。この形から明らかなように、もし、α、$T_s - T_f$が一定ならばAが大きいほどQは増す。それゆえ、一般にはAを大きくしたほうが、その伝熱面の放熱能力が増すと考えられる。しかし、この場合あくまでもαや$T_s - T_f$が、少なくともあまり大きく変化しないことが前提となる。なぜなら、もしAを大きくしたとき、そのことによってαや$T_s - T_f$が小さくなると、$\alpha A(T_s - T_f)(=Q)$の値が小さくなって、Aを増したけれども、結局、放熱能力が低下することがあり得るからである。

このように、放熱能力の向上を図るために面積を大きくした伝熱面を拡大伝熱面というが、通常よく知られている名称はフィンである。

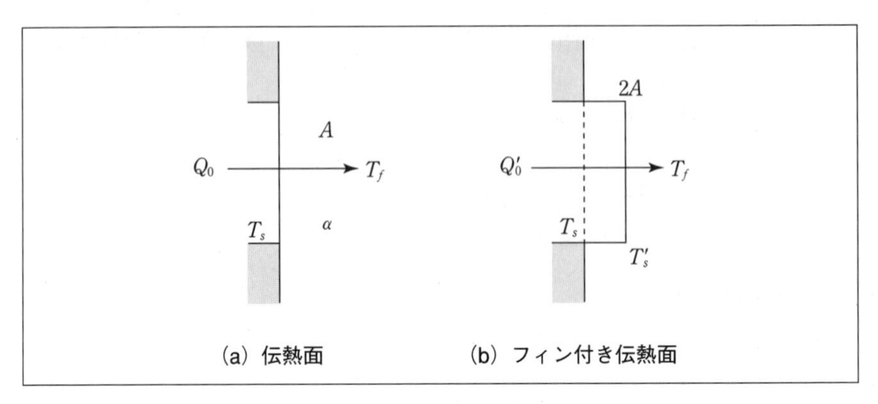

〔図21〕フィンの効果

8—1　フィン効率

ある伝熱面において、伝熱面積を増加する目的で表面に柱状、板状等の突起、すなわちフィンを設けた場合、これまでの説明から、α、Tがあまり変わらなければ、表面積の増加分だけ総合熱コンダクタンスは増加する。すなわち、フィンを設けることにより、熱コンダクタンスはほぼ2倍になる。しかしながら、T_s-T_fが減少するので、総合熱コンダクタンスは2倍にはならない。このことを図21によって説明する。

同図(a)において、伝熱面積をA、伝熱面の温度をT_s、周囲の温度をT_f、熱伝達率をα、伝熱量をQ_0とすると、

$$Q_0=\alpha A(T_s-T_f) \qquad (45)$$

が成り立つ。

次にこれにフィンをつけて伝熱面を$2A$に増したとする。このとき、元の伝熱面位置の温度をT_0に保つとする。フィン表面の平均温度をT_mとすると、$T_m<T_s$である。このときの放熱量をQ'_0とすると、

$$Q_0'=\alpha\cdot 2A(T_m-T_f) \qquad (46)$$

である。式(45)の場合の総合熱コンダクタンスは、

$$C_t = \frac{Q_0}{T_s - T_f} = \alpha \cdot A \quad \text{(47)}$$

である。これに対して、フィンをつけた場合に、フィンをつける前の元の位置で考えた総合熱コンダクタンスをC'_tとすると、

$$C'_t = \frac{Q'_0}{T_s - T_f} = \alpha \cdot 2A \frac{T_m - T_f}{T_s - T_f} < 2A\alpha = 2C_t$$

であり、総合熱コンダクタンスは２倍にならない。これは、$T_m < T_s$となることが原因である。もし$T_m = T_s$ならば、明らかに$C'_t = 2C_t$である。式(47)において、

$$\eta_f = \frac{T_m - T_f}{T_s - T_f} \quad \text{(48)}$$

とおけば、

$$C'_t = \alpha \cdot 2A \cdot \eta_f \quad \text{(49)}$$

となる。このηをフィン効率という。式(48)により、　$1 > \eta_f > 0$である。

式(49)は、面積の倍増の効果が100％でないことを意味している。すなわちフィン効率は、放熱面積の拡大効果の効率を表わしていると考えることができる。

次に、伝熱面にフィンをつけたとき、フィン表面の平均温度はフィン根元の温度より低いが、もし、フィンの全表面が根元の温度に等しいと仮定すれば、そのときの放熱量は、$\alpha A(T_s - T_f)$である。

一方実際の放熱量は$f_A \alpha (T - T_f) dA$であるから、上記の仮想放熱量との比をとると、

$$\frac{f_A \alpha (T - T_f) dA}{\alpha A (T_s - T_f)}$$

となるが、αを一定とすれば、

$$\frac{f_A(T-T_f)dA}{A}$$

はフィン表面の平均温度差$(T_m - T_f)$を表わすから、

$$\frac{実際の放熱量}{仮想放熱量} = \frac{(T_m - T_f)}{(T_s - T_f)}$$

となる。この式の右辺は式(48)にほかならないから、結局、フィン効率とは、実際の放熱量と仮想放熱量（フィン効率100%のときの）との比と考えることもできる。

参考文献

1）石塚勝：「電子機器の熱設計―基礎と実際」，丸善，2003年

2　パッケージの熱抵抗

1．はじめに

電子機器の中には印刷回路基板が実装されているが、その上に搭載されているのがパッケージである。そのなかに、心臓部であり発熱源である半導体素子が搭載されている。そのため、パッケージの放熱特性を正確に把握することが重要になっている。パッケージの放熱性の尺度を与えるものとして熱抵抗がある。ここでは、パッケージの熱抵抗について述べる。

2．熱抵抗

熱抵抗は、素子の温度に敏感な電気的パラメータを利用して測定できる。熱抵抗の値はそのパッケージ固有の定数値ではなく、チップ（素子）の大きさ、消費電力、実装状態、外部環境（温度、風速）などにより、容易に変化する。

デバイスの動作時には、集積回路を構成する、トランジスタの電力消費によりチップに熱が発生する。チップの温度が10℃上がるごとに信頼性が半減するといわれている[1)]。チップ温度（ジャンクション温度）を許容温度（通常80～

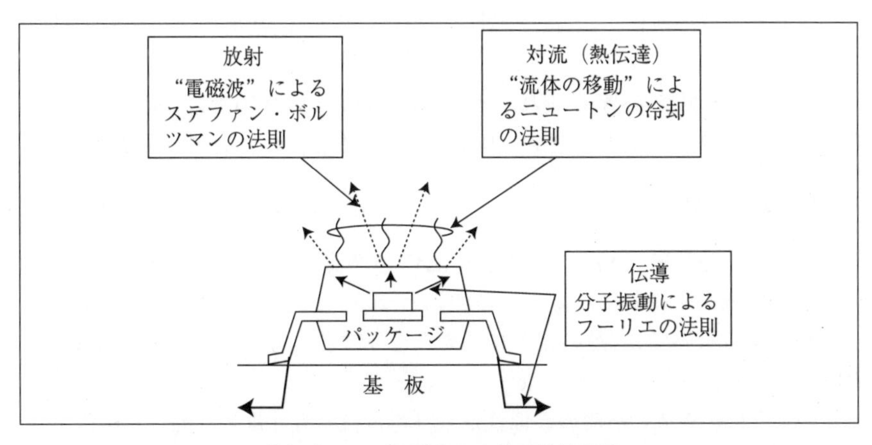

〔図１〕チップで発生した熱の放熱形態

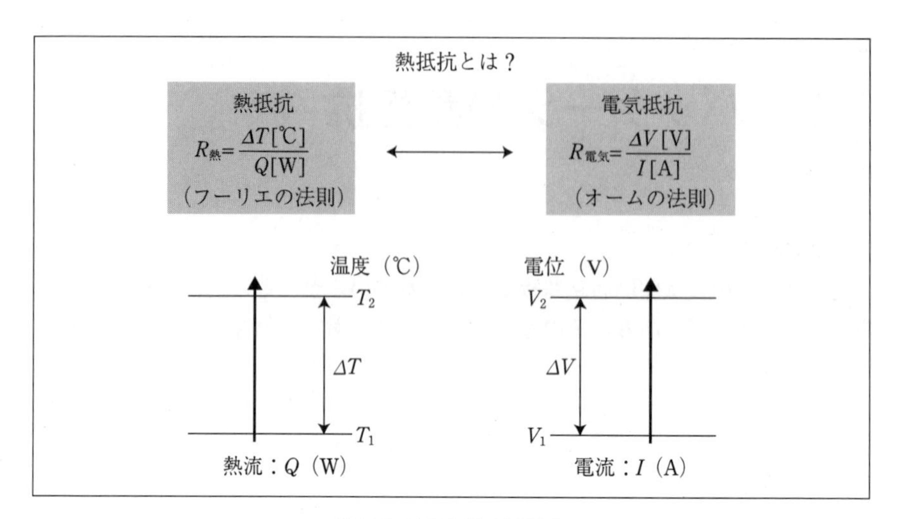

〔図２〕電気と熱の類似性

100℃前後）以下に保つようにパッケージ設計およびシステム設計を行うことが、デバイス性能の上からも信頼性の上からも極めて重要になっている。

図１に示すようにチップで発生した熱は、パッケージのモールド樹脂（またはセラミック）、リードフレームなどを伝導し、パッケージの表面または実装基板の表面から外部に放出される。同時に、パッケージ表面からの放射によっても外部に放出される[2)]。

つまりチップの熱は①伝導、②対流（熱伝達率）、③放射の３つの形で外部に伝えられる。

ある２点間を熱流Q (W)が流れ、その間の温度差がΔT(℃)である時、一般にQとΔTの間にはある比例関係（フーリエの法則）が存在し、次式が成り立つ。

$$\Delta T = R \cdot Q \quad \cdots\cdots (1)$$

この式で、温度差（ΔT）を電位差（ΔV）、熱流（Q）を電流（I）に置き換えると、電気回路におけるオームの法則となる（図２）。つまり、Rは電気抵抗に相当するもので、“熱の流れにくさ”を示す量となり、これを「熱抵抗」と呼ぶ。

このように、電流と熱流の類似性から「熱抵抗」も「電気抵抗」と類似した性質を持っており、電気回路で用いられる抵抗の直列・並列の法則などがその

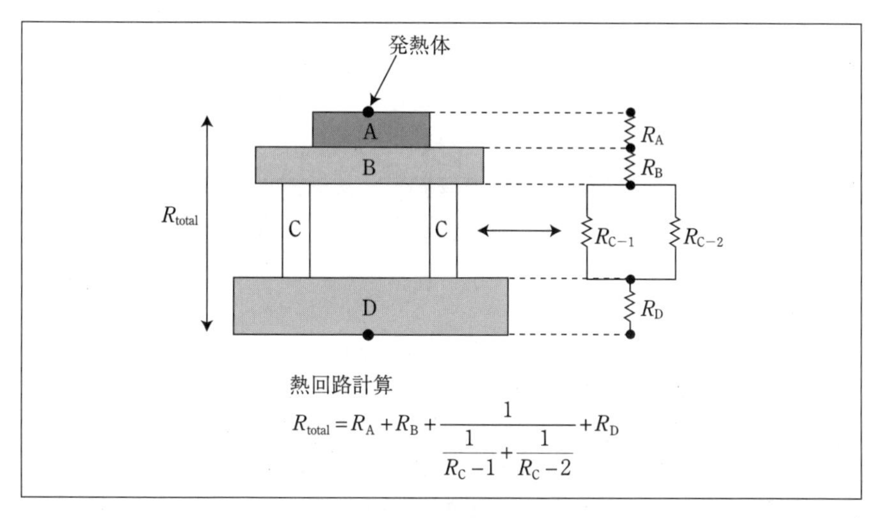

〔図３〕熱回路

〔表１〕熱抵抗の３つの形態

放熱形態	熱抵抗（R）
①伝導（フーリエの法則）	$R_{cond}=\frac{L}{\lambda A}$　L：経路の長さ　A：伝熱面積　λ：熱伝導率
②対流（ニュートンの冷却の法則）	$R_{conv}=\frac{1}{\alpha A}$　α：熱伝達率　A：放熱面積
③放射（ステファン・ボルツマンの法則）	$R_{rad}=\frac{1}{4\varepsilon\sigma fAT_m^3}$　ε：放射率　σ：ステファン・ボルツマン定数　f：形状フィルタ　A：表面積　T_m：過熱面と周囲の平均温度

まま熱回路についても成り立つ（図３）。

熱抵抗の定義から、放熱における３つの形態①伝導、②対流（熱伝達率）、③放射の熱抵抗は、表１に示した式で表わされる。

２―１　パッケージの熱抵抗の構成

パッケージの場合、チップのジャンクション（接合）温度（T_j）を問題にするため、一般にジャンクション温度（T_j）と周囲温度（T_a）の差をパッケージ内で消費する全電力（Q）で割った値をパッケージの熱抵抗（R_{ja}）と定義する（図４）。したがって単位は［℃/W］または［K/W］となる。熱抵抗の値から、デバイスにパワーQを与えたときのT_jを見積もることができる。

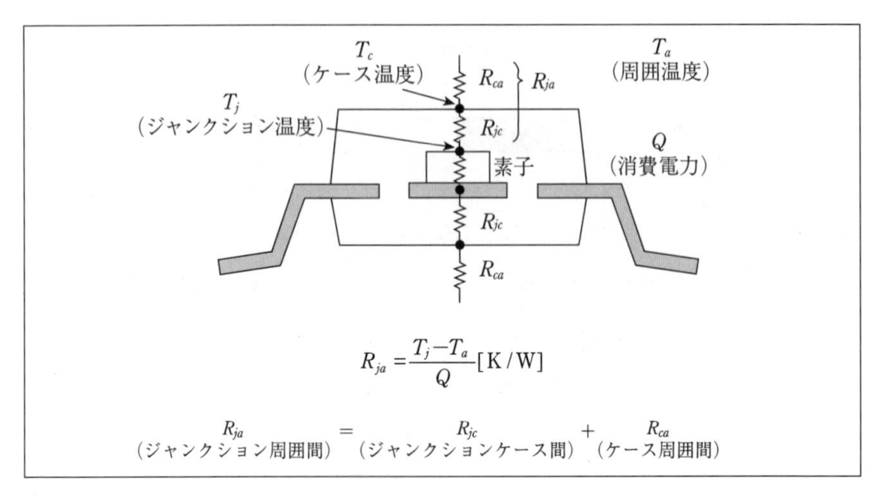

〔図４〕パッケージの熱抵抗

$$R_{ja}=\frac{T_j-T_a}{Q}[\mathrm{K/W}] \quad \cdots\cdots(2)$$

言い換えれば、パッケージの熱抵抗とは「デバイスに1Wのパワーを与えた時の、チップと周囲（外部）との"温度差（ΔT）"」を示す量である。図４に示したように、熱抵抗はチップのジャンクションからパッケージ表面（ケース）までの熱抵抗"R_{ca}"（外部熱抵抗）の２つの成分に見かけ上、分解できる。これを数式で表わすと下式となる。

$$R_{ja}=R_{jc}+R_{ca}[\mathrm{K/W}]$$

$$R_{jc}=\frac{T_j-T_c}{Q} \quad \cdots\cdots(3)$$

$$R_{ca}=\frac{T_c-T_{air}}{Q}$$

T_c：パッケージ表面の温度（ケース温度）

T_{air}：周囲空気の温度

内部熱抵抗R_{jc}はパッケージ内部の構造や材料によって、また外部熱抵抗R_{ca}は実装方法や冷却方法によって左右される。

パッケージの熱抵抗は数式上は、式(3)のように書かれるが、実際にはR_{jc}と

R_{ca}の両者を完全に分離して議論することはできない。実際のパッケージは3次元形状であり、T_cの値は場所によって異なる。結局パッケージの場所ごとに、様々な組合せのR_{jc}、R_{ac}が存在することになり（ただしR_{jc}とR_{ca}の和は一定)、統一的な取り扱いができないからである。しかし、全熱抵抗R_{ja}は一義的に決まるので、パッケージの熱特性を表示する際にはR_{ja}を用いるのが一般的である。

2—2　熱抵抗の評価方法

熱抵抗R_{ja}は、デバイスに一定の電力（Q）を与えた時の周囲温度（T_a）およびチップのジャンクション温度（T_j）が求まれば、式(3)から容易に計算できる。周囲温度（T_a）は熱電対などによって容易に求まるから、問題となるのはチップのジャンクション温度（T_j）の求め方である。T_jを測定する方法としては、(1) 赤外線放射温度計による方法、(2) 熱電対を用いる方法、(3) デバイスの温度に敏感な電気的なパラメータを用いる（TSP法）などの方法がある。しかし、(1) については、チップを露出せねばならないこと、また (2) については、内部に封止されているチップへの熱電対の設置が難しいだけでなく、その設置方法によって値が変動し正確な測定が難しいことなどから、一般に(3) の方法が用いられる。(3) は実デバイスのTSPを用いる以外に、市販されているセラミックのテスト用ヒータ・チップの抵抗の温度依存性を用いる方法がある。

2—2—1　デバイスのTSPで温度を検知する

デバイスの温度に敏感な電気的なパラメータとして、pn接合の順方向電圧がある。具体的には (1) ダイオードの順方向電圧、(2) バイポーラ・トランジスタのベース—エミッタ間電圧、(3) FETのドレイン—ソース間電圧などが用いられる。基本的には、あるデバイスにおいて温度に対して単調に減少または増加する何らかの電気的パラメータがあれば、それを利用して温度を検知することができる。テスト用チップ、または実デバイスのどちらを用いるにしても、重要なことは、実際のパッケージと同じ寸法のチップを用い、同じ条件でアセンブリを行うことである。また、チップ表面全体で発熱するようにパワーを与える必要がある。

TSP法による熱抵抗測定基準を図5に示す。

まず、アセンブリ後の測定サンプルを恒温槽中に入れ、温度を変化させてサンプル温度（正確にはチップ温度）に対して電圧などのTSPをモニターしていく。この際の測定電流はチップを発熱させない程度に十分小さくする必要があ

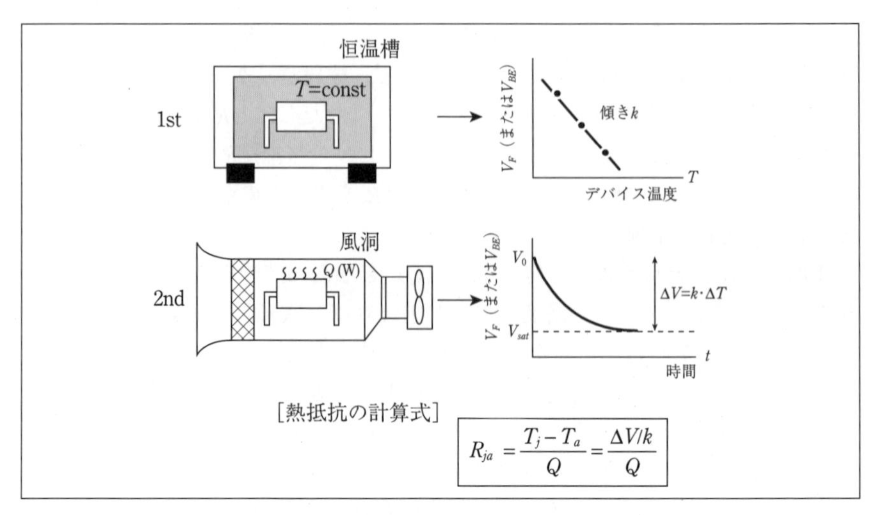

〔図５〕TSP法による熱抵抗測定[2)]

る。

次に測定サンプルを自然空冷の場合には十分な大きさの密閉容器に、強制空冷の場合には風洞内に設置し、規定の電力を印加する。通常、発熱とTSP測定は同じ素子を用いて行われているので、「電力印加」と「TSP測定」がある時間間隔をおいて交互に行われる。サンプルのTSPを初期値V_0から順次モニターし、パッケージが熱的平衡状態に達した時のTSPの飽和値V_{sat}を求める。先に求めたTSPの温度依存性を表わすグラフの傾きkから、次式によって、$T_j - T_a$を求める。

$$T_j - T_a = \frac{1}{k(V_{sat} - V_c)} \quad \cdots\cdots (4)$$

熱抵抗値R_{ja}は、この値と印加した電力値（Q）から式(4)を用いて求まる。

この方法によって得られるのは、あくまでチップの平均温度であるが、シリコンの熱伝導率は高いため、熱平衡状態に達した状態ではほぼ均一温度であり、定常状態の熱抵抗値としては問題ない。TSP法は、非破壊で実使用状態に近い熱抵抗が測定できるため広く用いられている。

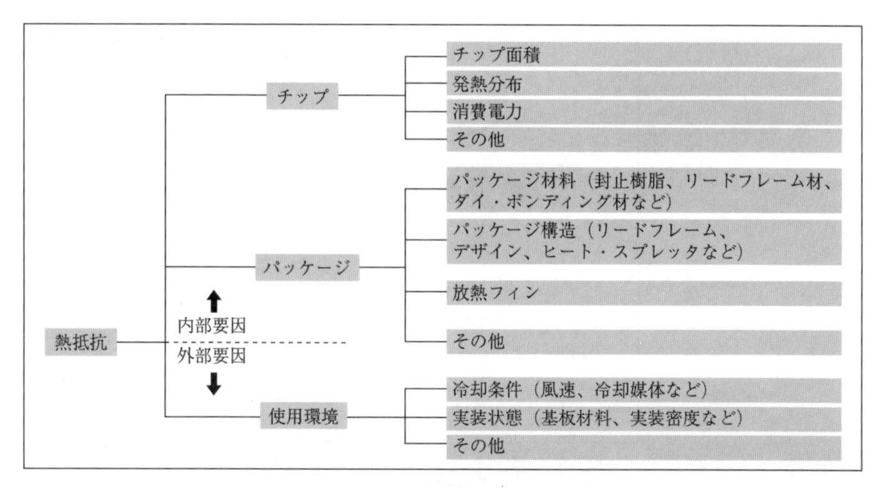

〔図６〕熱抵抗に影響を与える要因[2)]

2—3　冷却条件と熱抵抗

パッケージの熱抵抗は、図６に示すように、チップとそれを保護するパッケージなどの内部要因によって大きく影響を受ける。外見が同じパッケージでも搭載されたチップの大きさが異なれば熱抵抗はまったく異なる。また消費電力の増加に伴い熱抵抗は減少し、強制空冷では電力にほとんど依存しないという傾向を示す（図７）。

2—3—1　熱抵抗の小さいパッケージほどR_{ca}が支配的

同じパッケージでも、測定時のパッケージ支持方法、測定時に用いた放熱フィンや風速、実装状態などの、外部環境によって熱抵抗の値は著しく変わってくる。これはパッケージの熱抵抗においては外部熱抵抗R_{ca}の占める割合が極めて大きいからである。低熱抵抗のパッケージほど外部熱抵抗R_{ca}の占める割合は大きくなる。このことは、熱回路図を用いると理解しやすい。図８のようにパッケージの全熱抵抗は個々の内部熱抵抗R_{jc}要素が直列につながり、それが無限の並列抵抗網を構成している熱回路網であると近似的に見なすことができる。熱流は、無数に並んだ並列抵抗のうち抵抗の低い中央部分を優先的に流れることになる。中央部に放熱フィンなどを取り付けた場合、熱流はさらに選択的に放熱フィン接合部を通って流れるようになる。R_{jc}要素とR_{ca}要素は直列につながっているため、両者のうち大きいほうが放熱過程を支配する。たとえ高熱伝導

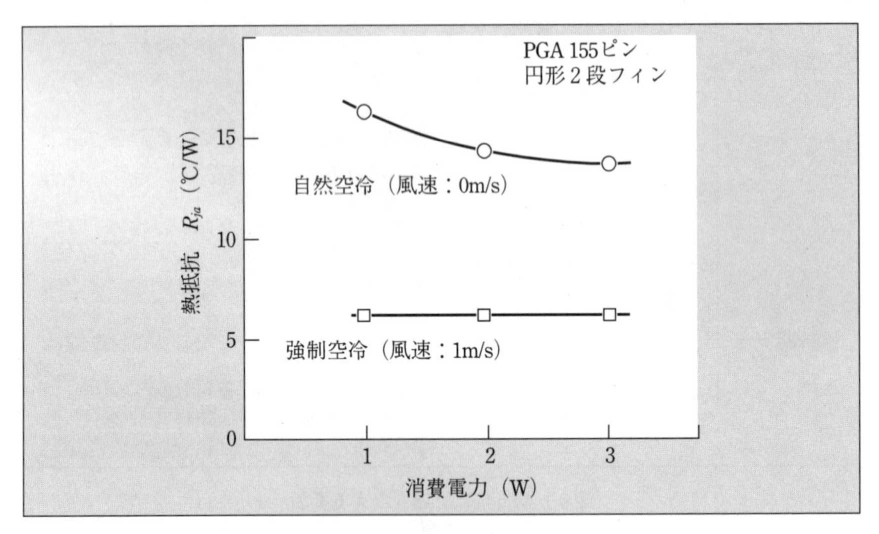

〔図7〕消費電力と熱抵抗[2)]

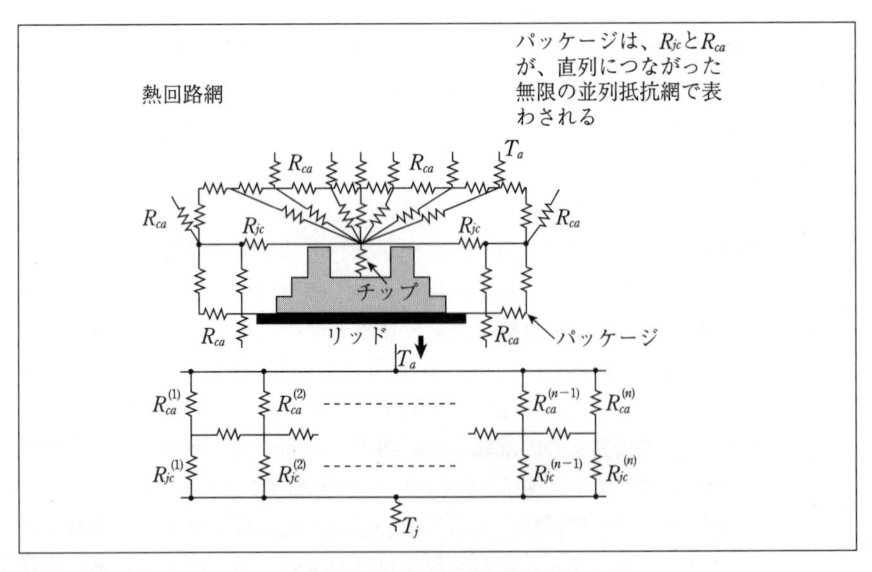

〔図8〕パッケージの熱回路網モデル

率の材料を用いΣR_{jc}を限りなく零に近づけても、ΣR_{ca}を下げない限り全熱抵抗R_{ja}は零にならない。外部熱抵抗R_{ca}は冷却条件に対応して、数℃/Wまで変化する。一般の電子機器に用いられるパッケージでは全熱抵抗の半分以上をR_{ca}が占めていると考えてよい。最近の低熱抵抗セラミック・パッケージでは、全熱抵抗の８割以上を外部熱抵抗が占めることも珍しくない。

窒化アルミニウム（AlN）などの高熱伝導率材料の採用は、熱伝導率の差から単純に計算される。R_{jc}の減少分（ΔR_{jc}）以上に熱抵抗を低下させる。これは、R_{jc}を小さくすることがパッケージ内部での熱流の経路（配分）に影響を与え、結果として外部熱抵抗R_{ca}を下げることにもつながるからである。

2―4　熱抵抗の低減

放射による放熱を無視すると、外部熱抵抗R_{ca}は次式で表わされる。

$$R_{ca} = \frac{1}{\alpha A}[\mathrm{K/W}] \quad \cdots\cdots (7)$$

α：表面の熱伝達率［W/m²K］

A：放熱に寄与する面積［m²］

この式から、R_{ca}を下げるには対流による熱伝達率αまたは表面積Aを大きくすれば良いことがわかる。冷却風の風速を増加させるのが熱伝達率αを大きくする改良であり、放熱フィンなどを取り付けるのが表面積Aを大きくする改良に相当する。つまり、このαとAの積を大きくする技術が冷却技術ということになる。

最近の窒化アルミニウム（AlN）や銅―タングステン合金を用いた低熱抵抗セラミック・パッケージでは、内部熱抵抗R_{jc}は1℃/W未満で十分小さく、ほぼ限界に近づきつつある。少なくとも数℃/W以下の熱抵抗（R_{ja}）を得ようとする場合には、単に低熱抵抗構造のパッケージを用いるだけでは無理であるため、放熱フィンを付けることになるか、強制空冷を行うなどのR_{ca}を下げる努力を行う必要がある。つまり、パッケージの低熱抵抗化がある程度進んだ現在、熱設計のポイントは外部からいかに冷却するかという「冷却技術」に移りつつある。

冷却技術はその熱密度の増加に対応して［自然空冷］→［強制空冷］→［浸漬液冷］→［沸騰冷却］→［強制水冷］へと移行させるのが定石である（図９）。ただし、メインフレーム・コンピュータ（大型計算機）などに用いられるもの

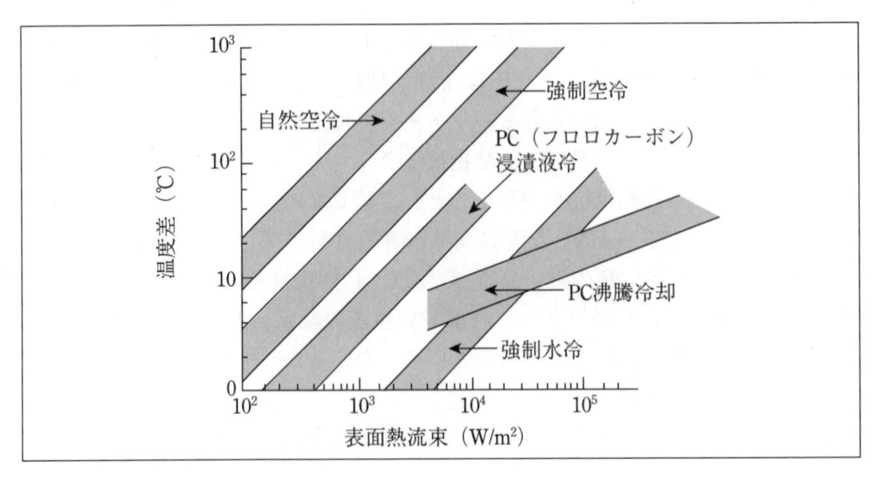

〔図９〕各冷却方式と冷却能力[2)]

を除き、通常の電子機器で用いる冷却技術は、コストや、冷却のために許容される容積もからめた形で開発が進められなければならない。したがって、ほぼ無限に利用できる空気を冷却媒体として使用し、コストやコンパクトさでは他の追随を許さない「空冷」分野の冷却技術を中心に、今後も開発が進められるであろう。

参考文献

1）石塚：「電子機器・デバイスの熱設計とその最適化技術」，産業科学システムズ，1999年

2）香山・成瀬監修：「VLSIパッケージング技術」，上巻，日経BP社，p.178，1993年

3　LSIパッケージの熱抵抗

1．はじめに

発熱量の高いLSIチップの出現により放熱部品としてのパッケージ設計の必要が発生している。放熱に関し、パッケージを熱的な不利益（＝熱抵抗）をもたらすものと見なすこともあるが、チップの表面積を広げると同時に冷却手段（空冷フィンなど）との接続を容易にする冷却要素の一種と考えることが必要となった。

ここでは具体例としてシングルチップパッケージについて述べるが、設計手法は示された具体例に特有のものではない。

2．熱設計の手法

2—1　熱抵抗

LSIの発熱量が低い場合、冷却の「強度」を意識することは少ない。しかし発熱量が大きくなるにつれ意識的に冷却を行う必要が発生し、冷却の程度を表わす指標が必要となる。この指標として熱抵抗という表現が用いられることが多い。

熱抵抗は文字どおり熱の移動に対する抵抗である。熱の流れ（温度、伝熱量、熱抵抗）を電気の流れ（電位、電流、抵抗）と類似した形式で扱う。単位は[K/W]あるいは[℃/W]。K（ケルビン）は絶対温度を表わし熱力学的に決められた単位でSIでの表現。Kと℃は温度目盛りの間隔が等しいので、熱抵抗を考える場合どちらの単位を用いても数値は変わらない。

図1のような発熱するLSIのジャンクションから環境（まわりを流れる空気など）までの熱抵抗は、

$$R_{ja} = \frac{T_j - T_a}{Q} \quad \cdots\cdots (1)$$

ただし、

R_{ja} ：ジャンクション→環境間の熱抵抗
[K/W] or [℃/W]

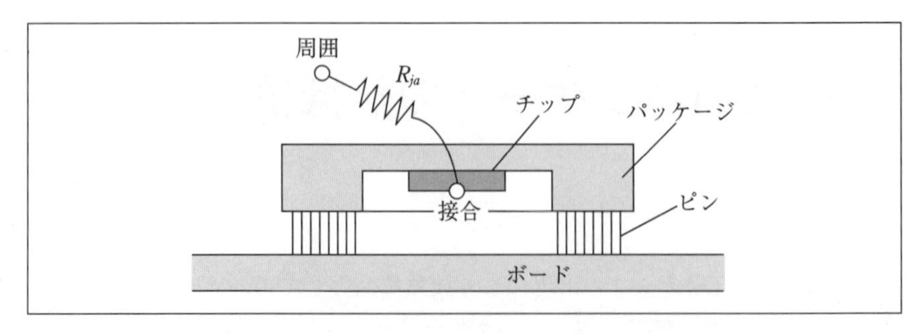

〔図１〕熱抵抗

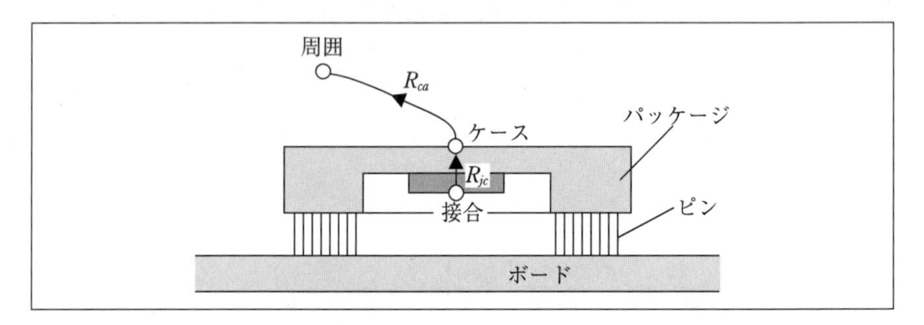

〔図２〕熱抵抗の分割

T_j　：ジャンクション温度[K] or [℃]

T_a　：環境温度[K] or [℃]

Q　：LSIの発熱量[W]

である。ここでは熱抵抗を表わす記号としてR（Resistanceの頭）を用いている。また、空冷の場合の添字aはambientである。

例えば、図１のパッケージで、5W発熱するLSIを30℃の空気で冷却し、ジャンクション温度を100℃以下に保たなければならない場合、

$$\frac{100-30}{5}=14\,[\mathrm{C}^{\circ}/\mathrm{W}]$$

のような計算によりジャンクションから空気まで14[K/W]以下の熱抵抗が必要であることがわかる。

発熱するチップはパッケージで包まれ、パッケージは基板に実装され、場合によってはパッケージにヒートシンク（冷却フィン）が取り付けられている。

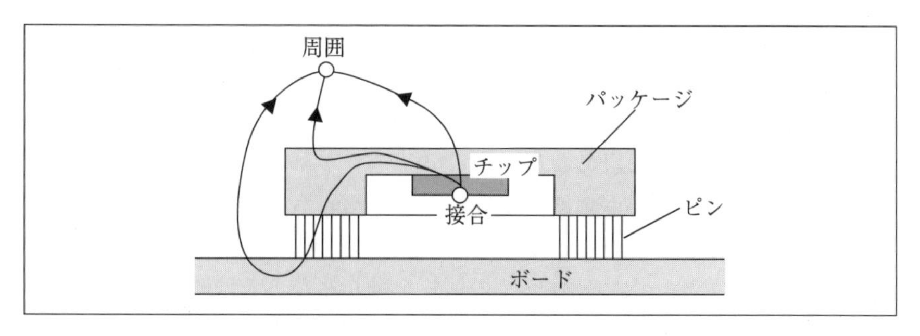

〔図３〕ジャンクションから環境までの熱の経路

パッケージやヒートシンク熱設計の目標はこのような計算から導かれる熱抵抗の実現である。

熱抵抗R_{ja}を以下のように分割することがある（図２）。

$$R_{ja} = R_{jc} + R_{ca} = \frac{T_j - T_c}{Q} + \frac{T_c - T_a}{Q} \quad \cdots\cdots (2)$$

ただし、添字j, c, aはジャンクション、ケース（パッケージ表面）、環境を表わす。

現実にはパッケージ表面温度は一様ではないためT_cの決定は難しく、測定位置によってR_{jc}、R_{ca}は変化する。放熱の経路で確定しているのは熱の発生部（ジャンクション）と環境のみで、その間の経路はひとつに特定できない（図３）。熱抵抗は一次元の熱の流れに対する概念であるため、連続体への適用に際してこのような不都合が発生する。両者の和R_{ja}は冷却条件が等しければ一定であり、R_{ja}を熱特性データとして用いるほうが良い。

R_{jc}という表現は実務的であるが、発熱量が大きいチップの場合危険が伴う。一般に高い発熱量のものを扱う場合、熱抵抗値のずれが温度に与える影響が大きくなるため注意深くなるほうがよい。過大な冷却は安全ではあるがコストや機器のサイズに良くない影響を及ぼし、冷却能力が不足すると機器の信頼性に関わる。

熱抵抗R_{ja}はパッケージ固有の値ではなく、外部環境に依存する。LSIで発生した熱はパッケージに伝わり、パッケージ表面から空気に逃げたり、パッケージが実装されている基板へ伝わる。パッケージに冷却フィンが取り付けられている場合にはフィンからの放熱もある。これら複数の熱移動経路への放熱量はそれぞれの経路の状況（周囲の空気流速や基板、フィンの種類）に依存する。従って、パッケージの熱抵抗は実装状況に対して定義される。

2―2　問題の分割と設計のながれ

厳密に発熱するチップが何度になるかは実装状況（パッケージ、フィン、基板、筐体、筐体を置く部屋など）に依存し、熱設計を個々の問題に完全に分離することはできない。しかしすべての情報を盛り込むことは問題を複雑にし、現実的ではない。そこで、設計上どのように問題を分割して扱っていくかが重要である。工学的に許容できる範囲ならば簡単に扱えるほうがよい。

電子機器に関わる熱問題はおおまかに熱伝導（固体内部の熱移動）と熱伝達（固体から流体への熱移動）に分けられる。熱伝導が比較的簡単な方程式で表現できるのに対し、熱伝達は計算機の環境が整っていなければ、扱いが難しい場合が多い。この境目で問題を分割するのが良さそうである。

ここでは、パッケージ熱伝導問題の境界条件として冷却フィン、基板、パッケージ表面から空気への放熱を考える。これらの境界条件はフィンや基板の種類、筐体の構造（筐体内への基板の実装方法やフィンの選択）にも依存する。パッケージの解析や実験により要求される空気流速を求め、それを筐体の設計仕様にしてもよいし、その逆でもよい。

パッケージの熱伝導および冷却フィン特性や基板の放熱特性は実験・解析のいずれから求めてもよい。例えば、パッケージの熱伝導を数値的な熱伝導解析で扱い、ジャンクション温度を求めても良いし、熱抵抗の実測値を冷却手段の能力を熱伝達率に換算して整理してもよい。解析と実験を置換可能な形式で扱うことにより汎用性の高い情報が蓄積できる。

以下では、フィンの特性およびパッケージの熱伝導について述べる。ここでは実験的な手法を扱い、数値シミュレーションの関係する話題については追って述べる。

3．フィンの特性

フィンは従来からよく用いられ、その伝熱特性についても数多くの研究がなされている。ここでは、矩形（櫛形）フィン（空冷）、円形のフィン（空冷）、円柱形スタッド（水冷）についてその放熱能力の測定と整理法について述べる。

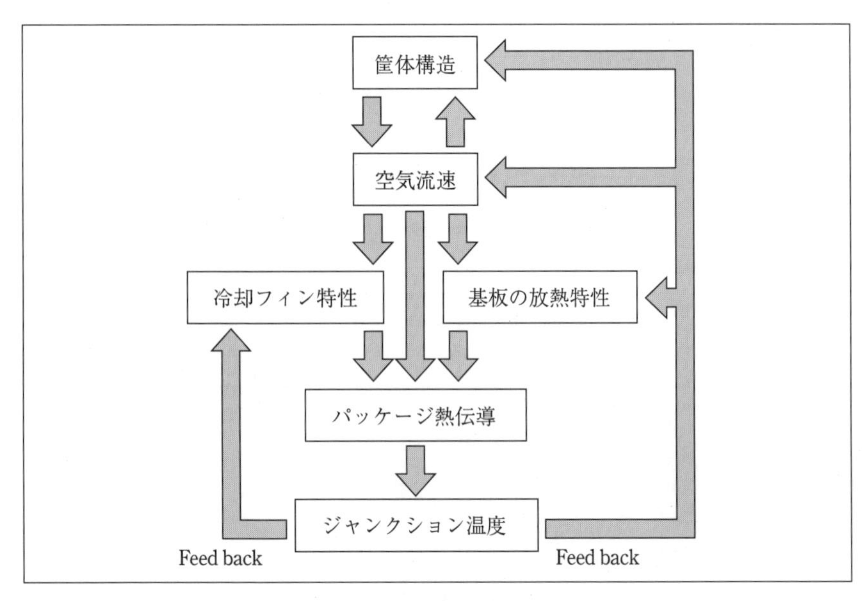

〔図４〕熱設計の例

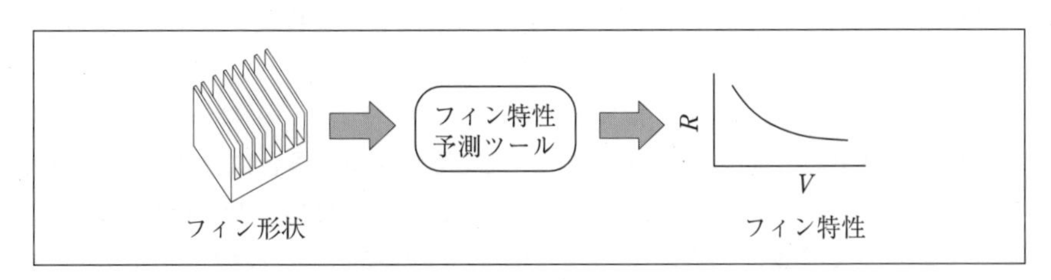

〔図５〕形状からの特性予測

熱設計において、要求される熱抵抗を実現するフィンの形状を得たい、あるいは実装時の空間的な制約から形状の決まったフィンの能力がはたして要求をみたすものであるか知りたい、という場合がある。図４に熱設計の例を示すが、その都度、いくつかのフィンを試作し、実験を行うのもひとつの方法であるが、図５に示すようにフィンの形状からその能力を予測できるツールがあると便利である。

フィン特性を予測するツールとしては、

(1) 各種フィンに対する実験データ

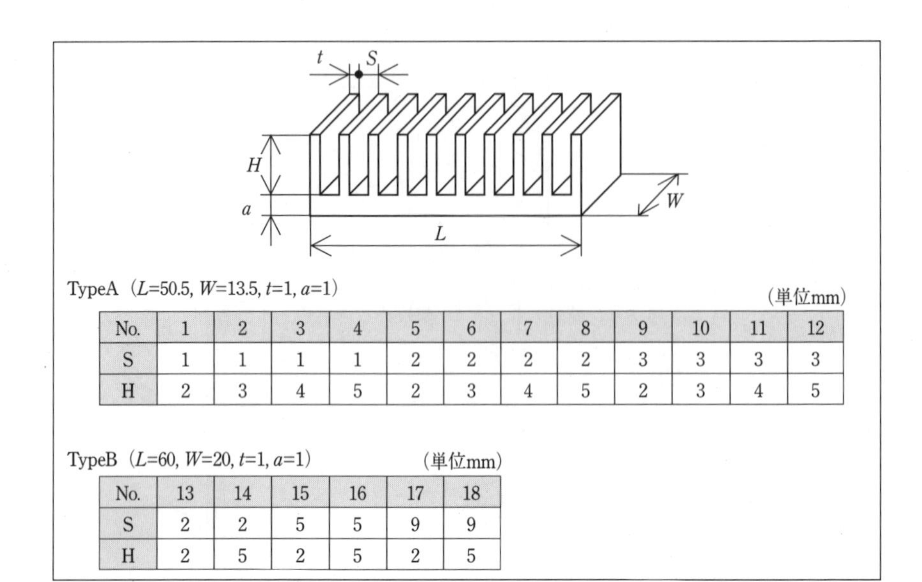

TypeA（L=50.5, W=13.5, t=1, a=1）　（単位mm）

No.	1	2	3	4	5	6	7	8	9	10	11	12
S	1	1	1	1	2	2	2	2	3	3	3	3
H	2	3	4	5	2	3	4	5	2	3	4	5

TypeB（L=60, W=20, t=1, a=1）　（単位mm）

No.	13	14	15	16	17	18
S	2	2	5	5	9	9
H	2	5	2	5	2	5

〔図６〕矩形フィン

(2) 形状パラメータを変化させた実験から導出した実験式

(3) 数値的な熱流体解析（含熱伝導解析）

などが考えられる。

(1) は試作したフィンと同一のフィンを実機に用いる場合に相当する。この方法はわかりやすく、個々のフィンの能力が具体的な説得力のある生の実験データという形で提供できる反面、パラメータの連続性という点で劣り、形状の変化にうまく対応できない。

ここでは方法(1)・(2)について述べる。(1)は(2) の手法の通過点であるため特に手法そのものに関わる詳しい解説は行わない。矩形フィンの障害物下での特性に関しては整理が難しいため結果として (2) の段階で特性の検討が停止しているのであって、意図的に(1)の手法をねらったわけではない。

(2)の実験式の導出において既存の工学の枠組みの利用がよく行われ、(2)と(3)は既存の道具を定性的に利用するか、定量的なところまで期待するかの違いのみの場合が多い。ここでは(2)の例として空冷の矩形、円形フィンを示す。これらのフィンはフィン効率が高い、すなわちフィン内部の温度分布が小さく、フィン内熱伝導の影響を無視できる。そのため、既存の工学の枠組みの利用は

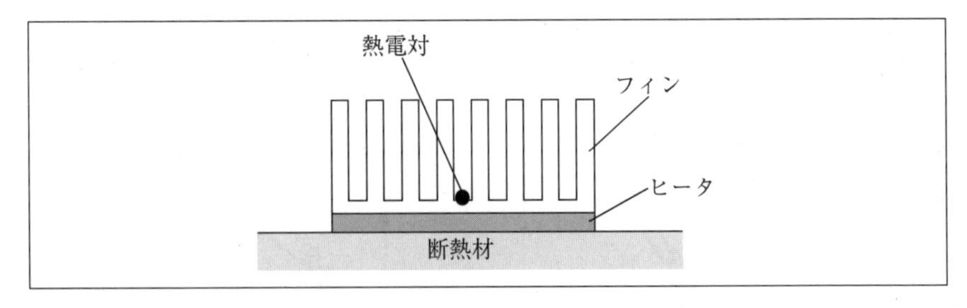

〔図7〕実験装置

熱伝達率関連のみになっている。

(3) については数値シミュレーションの項で述べる。

3－1　矩形フィン

図6に示すフィン高さH、フィン間隔Sを変化させた底面積13.5mm×50.5mmおよび20.0mm×60.0mmのフィンに対して実験を行った。実験装置概略を図7に示す。フィン底面にヒータを貼りつけて加熱し、フィンの先端およびフィンベース上面にϕ0.1mmのT型熱電対を熱伝導性接着剤で取り付けて温度を測定した。測定の結果、フィンの先端部とフィンベースの温度差はほとんどなく、フィンは一様な温度と見なせた。フィンの熱抵抗は厳密にはフィン底面（フィンベース下面）から周囲空気の間で定義されるが、フィンの温度が一様と見なせればフィンのどの場所の温度を使用してもよい。

自然空冷の実験では、外界の影響（空調や人の動きによる空気の流れ）を防ぐため縦横高さ各500mm程度のケース内で測定を行った。このケースには内部での過度の温度上昇を防ぐために穴を設け（つまりこのケースは一種の風よけ)、ケース内の代表温度（フィンの自然対流の影響を受けない位置の空気温度）とフィンの測定温度との差をフィンの温度上昇とした。強制空冷の実験では風洞を使用し、フィン板に沿って空気を流した。

3－1－1　自然空冷

自然空冷時のフィンの温度上昇ΔT [K]と供給熱量Q [W]の測定値の例を図8に示す。

熱入力の増加とともにフィンの温度上昇が大きくなる。フィンの温度上昇が小さいほど、冷却能力が高いと考えれば、底面積が大きくなるほど、フィン高さが高くなるほど冷却能力が高くなる。底面積やフィン高さによらずフィン間

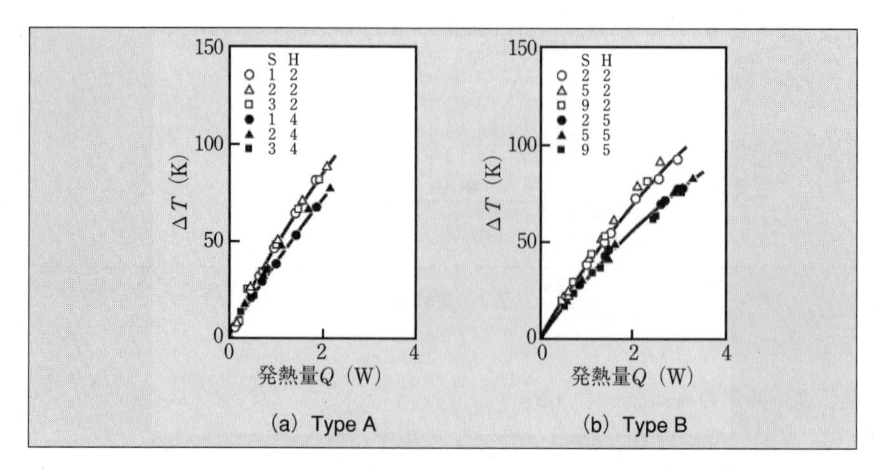

〔図 8 〕自然空冷時のフィンの温度上昇ΔT[K]と供給熱量Q [W]の測定値

隔の影響はそれほど大きくない。温度上昇を判断基準とした冷却能力は、フィン間隔には影響を受けずに、フィンの占める体積に依存する。自然空冷におけるフィンの冷却能力は、フィン間隔を工夫してもさほど大きな成果は得られないといえる。

この実験結果から、フィンの温度上昇ΔTが形状や熱量Qの関数（連続的な値としてではないが）として得られた。

$$\Delta T = f(L,W,S,H,Q)$$

この式の関数fを使いやすい形式で表示するために既存の自然対流の熱伝達がどのように整理されているかを調べると、一般に自然対流の特性がレーレー数Raに支配されていることがわかる。Raはグラスホフ数Grとプラントル数Prの積である。代表長さにSを用いると、

$$Ra = Gr \cdot Pr$$

$$Gr = \frac{g\beta \Delta T S^3}{\nu^2} \quad \cdots\cdots(3)$$

また、垂直二平板間（隙間S、高さH）の層流自然対流の熱伝達は以下のように表わされる。

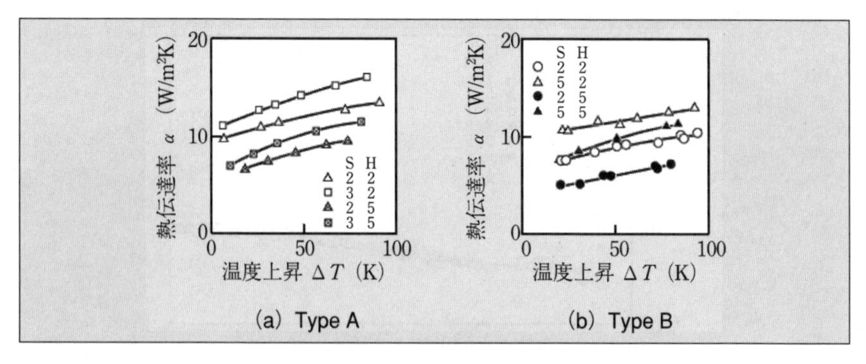

〔図９〕フィン表面熱伝達率

$$Nu = \frac{1}{24}\left(Ra\frac{S}{H}\right)\cdots\cdots\left(\frac{S}{H}=1\right)$$

$$Nu = C\left(Ra\frac{S}{H}\right)^{\frac{1}{4}}\cdots\cdots\left(\frac{S}{H}=1\right) \quad \cdots\cdots(4)$$

$$C = 0.638\left(\frac{Pr}{0.861+Pr}\right)^{\frac{1}{4}}$$

この式に類似した形式でフィンの特性が整理できるかどうか試すためにはNuを求める必要がある。まず、フィン表面の平均熱伝達率α [W/m²K]を求める。

$$\alpha = \frac{Q}{A\Delta T} \quad \cdots\cdots(5)$$

ただし、A [m²]はフィンの放熱面積（フィンベース裏面を除く表面積＝空気とフィンが接触する面積）である。

結果を図９に示す。平均熱伝達率は温度上昇に比例し、フィン間隔が大きくなるほど、フィン高さが小さくなるほど大きくなる。

熱伝達率αからNuは、

$$Nu = \frac{\alpha S}{\lambda_{air}} \quad \cdots\cdots(6)$$

のようにして求められる。λ_{air}は空気の熱伝導率。Nuを計算した結果を図10に示す。

実験データは対数グラフ上でほぼ直線上に並び、このフィンの特性は、

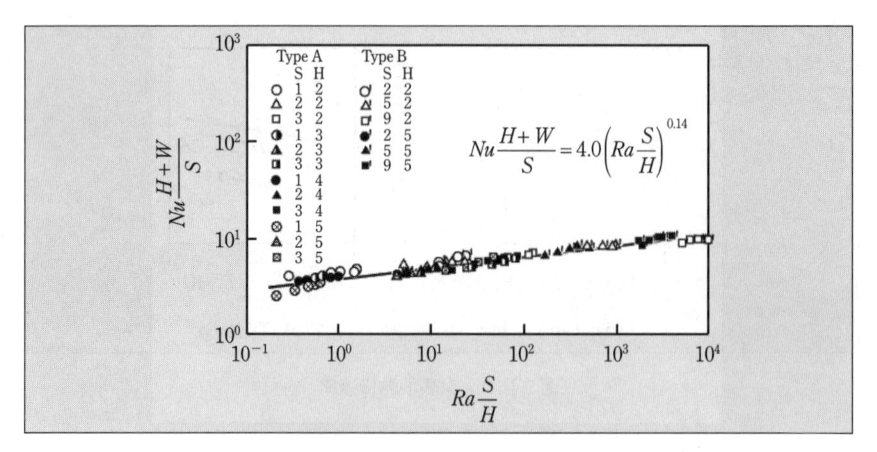

〔図10〕自然空冷時のフィン放熱特性

$$Nu\frac{H+W}{S}=4.0\left(Ra\frac{S}{H}\right)^{0.14} \quad \cdots\cdots(7)$$

と表わせる。グラフの縦軸および式に含まれる$\frac{(H+W)}{S}$は理論からの導出というよりは実験データに対する整理の試行錯誤に近い。もちろん、

$$Nu=x\left(Ra\frac{S}{H}\right)^{y} \quad \cdots\cdots(8)$$

のような形式で係数x, yを求めても良い。

この例では既存の熱伝達率に関する整理法を考慮した上で実験を行っている。フィンを試作し、実験を行っている時にはすでにレーレー数Raによる整理を念頭に置いており、そのために形状以外のパラメータとして熱量Qを変化させて実験を行っている。一般に実験データの処理を事前に検討し、知りたい情報を得る形で実験を行うほうが効率が良い。次の強制対流の例でも熱伝達率がレイノルズ数Reに支配されることがわかっているため、空気の流速で実験値をグラフにプロットしている。

3－1－2　強制空冷

強制空冷におけるフィンの温度上昇ΔTと空気流速uの関係を図11に示す。どのフィンにも同じ熱量を与えているため、温度上昇が小さいほどフィンの冷却

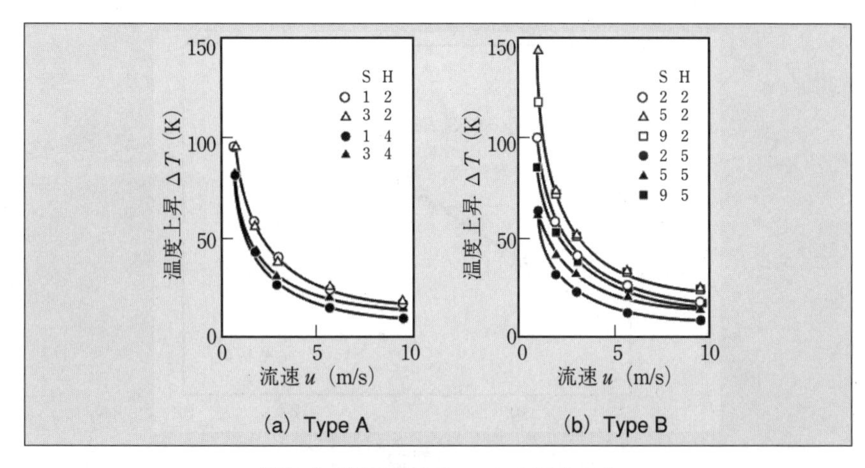

〔図11〕強制空冷時のフィンの温度上昇

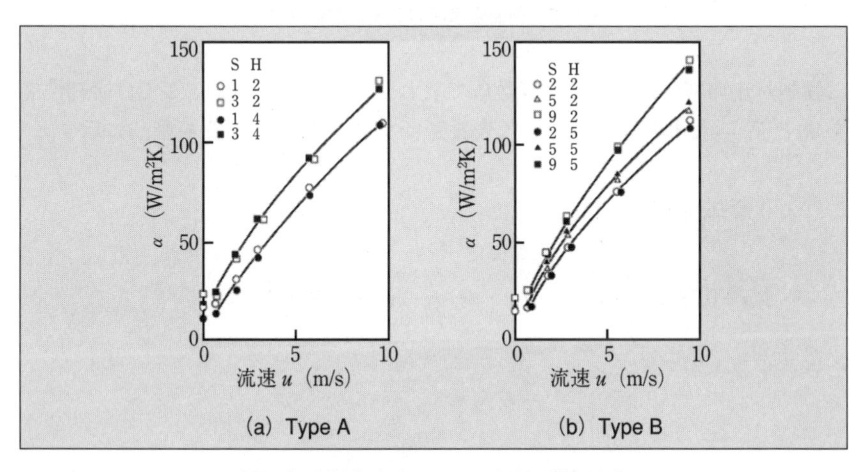

〔図12〕強制空冷時のフィン表面の熱伝達率

能力は高い。したがって流速の増加とともにフィンの冷却能力は増加する。フィン高さが大きい方がフィンの冷却能力が高い。

各フィンにおける平均熱伝達率を図12に示す。平均熱伝達率は流速に比例し、フィンの底面積や高さによらず、フィン間隔が大きいほど平均熱伝達率は大きい。

自然空冷の場合と同様にフィン表面熱伝達率を整理することを考える。一般

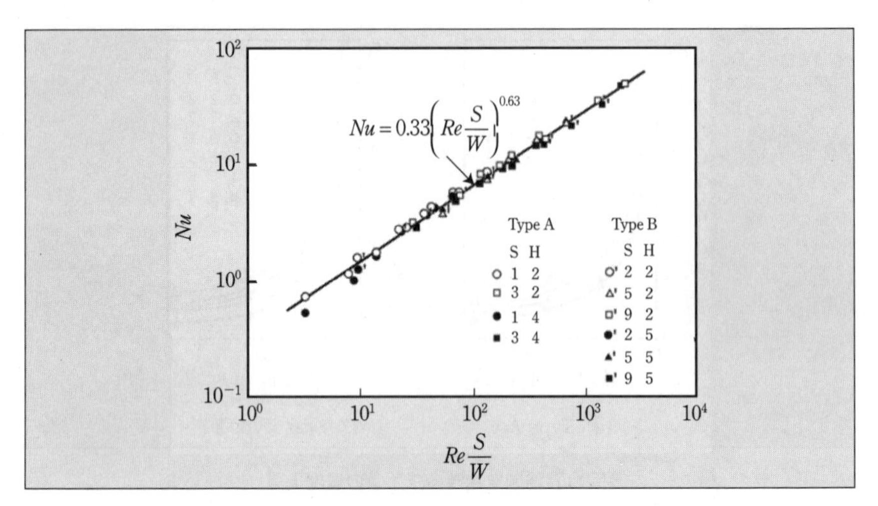

〔図13〕強制空冷時のフィン放熱特性

に強制対流の特性はレイノルズ数Reで表わすことができる。ここでは冷却性能をNuと$Re\frac{S}{W}$で整理を試みた。代表長さはフィン間隔S。結果を図13に示す。

これより冷却性能は、

$$Nu = 0.33\left(Re\frac{S}{W}\right)^{0.63} \quad \cdots\cdots (9)$$

と表わすことができる。

4　自然空冷筐体の放熱設計

1．はじめに

最近は、熱対策のための設計のほかに、騒音対策のための設計が重要になっている。とくにその騒音源は冷却空気を流すファンであることが多い。そのために、ファンを必要としない自然空冷の放熱設計が見直されている。小型化が進んでいる現在でも、ファンをとるために筐体を大きくして自然空冷にする筐体もある。これは騒音のほかに、他に動力を必要としないための信頼性からくるものである。ここでは自然空冷筐体の放熱設計について述べる。

2．自然対流熱伝達の式

筐体の設計について述べる前に、まず、設計に使うごく簡単な熱伝達率の式から紹介しておく。ここで設計に使うと書いたが、厳密に設計に使える熱伝達率を表わす式はない。つまり実際の3次元物体周りの熱伝達率を表わす一般式はいまだ得られていない。そこで、筐体表面の熱伝達の基本になる平板の式をもとに、実験的に修正した式を設計式として使うことも多い。

そこで、代表的な自然対流熱伝達の式を示す。ところが自然対流の場合は図1に示すように平板の配置によって以下のように違ってくる。「熱の伝わり方」で説明した無次元数を使うと、それぞれの熱伝達の式は大きく分けて3種類ある。

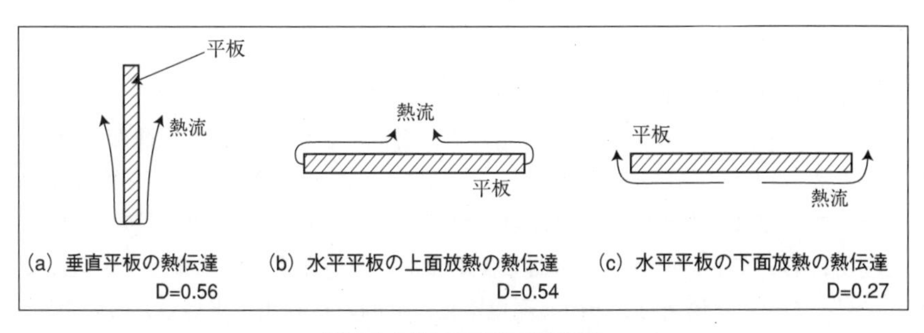

〔図1〕平板の配置と熱伝達率

ここでは、$10^5<Gr\cdot Pr<10^9$の流体を考える。ごく特殊な流体以外はこの範囲に入る。当然空気、水は問題ない。

垂直平板すなわち筐体の側面に対しては、

$$Nu=0.56(Gr\cdot Pr)^{0.25} \quad \cdots\cdots (1)$$

水平平板で上面から放熱する場合、すなわち筐体の上面に対しては、

$$Nu=0.54(Gr\cdot Pr)^{0.25} \quad \cdots\cdots (2)$$

水平平板で下面から放熱する場合、すなわち筐体の下面に対しては、

$$Nu=0.27(Gr\cdot Pr)^{0.25} \quad \cdots\cdots (3)$$

となっている。

ここでNuとGrはヌセルト数とグラスホフ数で、

$$Nu=\frac{\alpha L}{\lambda} \quad \cdots\cdots (4)$$

$$Gr=\frac{g\beta L^3\Delta T}{\nu^2} \quad \cdots\cdots (5)$$

と定義される。

ここで、α：熱伝達率、L：代表長さ、λ：熱伝導率、ν：動粘性係数、ΔT：温度上昇、g：重力加速度、β：体積膨脹率、Pr：プラントル数である。

しかし、これらの式は中味が複雑なので、これらの式を使って、熱設計のための実用的な簡便式が得られている。以下は、その簡便式を使った熱設計の例を示す。

3．密閉筐体の設計例

マイコンを応用した計測機器の発達で、計測の自動化が大きく進んでいる。そのため、従来コンピュータの用いられることのなかった悪環境下、すなわち粉塵や有毒ガスなどのある工場現場、塩害が生じる海辺、あるいは野外といった場所においても、そうした機器を使用したいという要求が強まっている。ここでは、こうした場所は、その悪環境ゆえに計測の自動化が求められるのだが、自動計測機器の類の仕様には、クリーンルームのようなものが必要になる。こ

の考えから、密閉筐体を作って、その中に計測機器類を収めて使用することが考えられる。その際、一番問題となるのが密閉筐体内の機器の発熱をいかにして放熱するかである。密閉筐体の場合は、筐体表面の自然空冷と放射で放熱することになる。

3—1　密閉筐体からの放熱の式

密閉筐体からの放熱に関しては以下の式がある 。

3—1—1　筐体表面温度に着目した式

$$Q = 1.86 S_{eq1} \Delta T^{1.25} + \varepsilon \sigma S \left(T^4 - T_\infty^4 \right) \quad \text{.............................} (6)$$

ΔT=Tの場合は $T_2 = \dfrac{T + T_\infty}{2}$

として以下のように近似できる。

$$Q = 1.86 S_{eq1} \Delta T^{1.25} + 4 \varepsilon \sigma S T_2^3 \Delta T$$

ここで、Q：全放熱量（W）、S_{eq1}は等価表面積で、上面、側面、下面の面積をそれぞれS_{top}、S_{side}、S_{bottom}とすれば、

$$S_{eq1} = \frac{4}{3} S_{top} + S_{side} + \frac{2}{3} S_{bottom} \quad \text{.............................} (7)$$

である。その他の記号は以下のとおりである。

ε：筐体表面の放射率

σ：ステファン・ボルツマン常数

＝5.67×10^{-8}（W/m^2K^4）

S：筐体表面積＝$S_{top}+S_{side}+S_{bottom}$（$m^2$）

T：筐体表面温度（K）

T_∞：室内温度（K）

ΔT：温度上昇＝$T-T_\infty$（K）

3—1—2　内部空気温度に着目した式

$$Q = 1.78 S_{eq2} \Delta T_m^{1.25} \quad \text{.............................} (8)$$

$$S_{eq2} = S_{top} + S_{side} + \frac{1}{2} S_{bottom} \quad \text{.............................} (9)$$

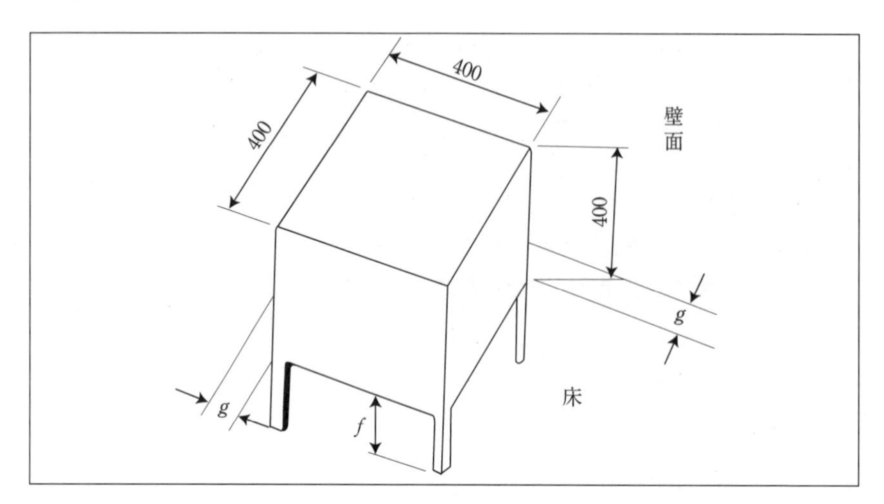

〔図２〕密閉筐体の例

ここで、ΔT_m ：筐体内部の空気の温度上昇（K）

式(6)は筐体表面温度と筐体内部の空気の温度とが等しいという仮定がある。

式(8)は筐体内部の空気の温度に注目しているが、定数1.78の中に放射の影響も含ませている。そして、筐体の大きさは0.2～1.0mと限定している。筐体の大きさの影響については後述する。

ここで、図２の筐体の温度を予測してみる。この図で床からの距離fと壁からの距離gが示されているが、これはfおよびgの値が小さいと、筐体下面と壁に近い側面からの自然対流が阻害される。図２の筐体では、いずれも3cmあれば特に問題とすることはないであろう。いま、筐体の内部発熱をQ=200Wで、筐体はプラスチック性のABS樹脂で構成されている。そしてその表面の放射率はε=0.5とする。まず、式(6)と式(7)によれば、等価表面積S_{eq1}は、

$$S_{eq1} = \frac{4}{3}(0.16) + 0.64 + \frac{2}{3}(0.16) = 0.96\mathrm{m}^2$$

$$S = 0.96\mathrm{m}^2,\quad T_\infty = 300\mathrm{K}$$

である。この場合、式(6)からは簡単にはΔTは求まらないが、数回の電卓の繰り返し計算で求まる。

たとえば、ΔT=30Kとすると、$T=T_{\infty}+\Delta T$=330Kとなり、式(6)の右辺に代入して計算すると、200Wを超える。今度はΔT=25Kを代入して計算すると200Wより小さい。よって、25K<ΔT<30Kとわかる。つぎにΔT=26Kを代入するなど数値を少しずつ変えて繰り返すと、ΔT=26.7Kで、式(6)の右辺が200Wに近くなることがわかかる。よってΔT=26.7K、つまり筐体表面の温度上昇はΔT=26.7Kが見込まれる。

つぎに式(8)と式(9)を使ってみる。

$$S_{eq2}=(0.16)+0.64+\frac{1}{2}(0.16)=0.88\mathrm{m}^2$$

$$\therefore \Delta T_m=\frac{200}{1.78\times 0.88}=127.7$$

$$\therefore \Delta T_m=48.4\mathrm{K}$$

となる。

つまり、筐体内部の空気の温度上昇としてΔT_m=48.4Kが見込まれる。

そして実測値は以下のようになっている。

筐体表面の温度上昇（K）		筐体内部の空気の温度上昇（K）	
上面	26.1	上部	67.0
側面	19.2	中部	50.0
下面	16.3	下部	22.0

平均すると、

ΔT=20.5K

ΔT_m=46.3K

となり、両式ともそれなりに近い値を予測しているが、筐体表面の温度上昇と筐体内部の空気の温度上昇とはかなり違うことに注意すべきである。

ここで、密閉筐体での放熱を高めるための方策をいくつかあげてみよう。ただし、これらは、種々の制約から、実現は限られている。

(1) 筐体表面積を拡大する→放熱フィンを設ける（図３）。

(2) 筐体表面の放射率を上げる→カラーペイントを塗布する。

(3) 筐体の温度を一様化する→アルミニウムのような熱伝導率の高い材料を使う。

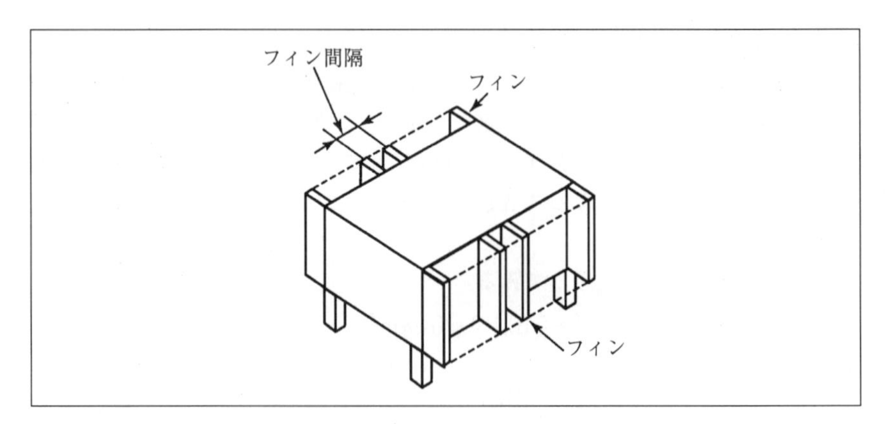

〔図３〕放熱フィンを設けた密閉筐体

(4) 筐体内部の対流を活発化させる→高発熱体を下部に置く（理由はこの後の章で述べる）。

もっとも、以上のことは、一般の筐体いずれにもあてはまることである。

４．通風筐体の設計例

４―１　通風筐体からの放熱に関する式

通風筐体からの放熱に関しては以下の式がある[1)]。

$$Q = 1.86 S_{eq1} \Delta T^{1.25} + 4\varepsilon\sigma S T_2^3 \Delta T + 1000 A_o u \Delta T \quad \cdots\cdots (10)$$

ここで、A_o：出口通風口面積（m^2）、u：出口空気流速（m/s）である。

ここで筐体表面の温度上昇と筐体内部の空気の温度上昇とは同じΔTと仮定している。

そして、一般的に、u=0.2(m/s) を用いているが、根拠はうすい。

$$Q = 1.78 S_{eq2} \Delta T_m^{1.25} + 300 A_o \left(\frac{h}{K}\right)^{0.5} \Delta T_o^{1.25} \quad \cdots\cdots (11a)$$

$$\Delta T_o = 1.3 \Delta T_m \quad \cdots\cdots (11b)$$

$$K = \frac{2.5(1-\beta)}{\beta^2} \quad \cdots\cdots (11c)$$

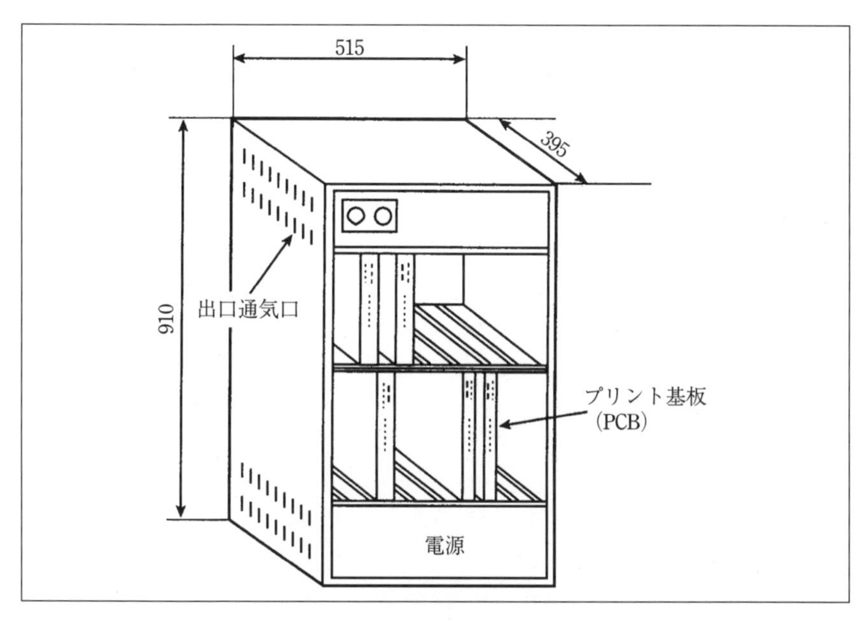

〔図 4 〕通風筐体

h ：電源位置と出口通風口までの垂直距離（m）

K ：流体抵抗係数

β ：通風グリルの開口比

4 — 2　簡便式の応用

次に、上で示した簡便式を筐体設計に応用してみよう。

たとえば、図 4 の通風筐体において、

$$\Delta T_o=20\text{K},\ Q=200\text{W},\ h=0.82\text{m},\ \beta=0.5$$

を与えて、出口通風口面積A_oを求めてみる。

式(10)にて評価する。

$$S_{eq1}=2.06\text{m}^2,\ S=2.06\text{m}^2,\ \varepsilon=0.8,\ T_\infty=300\text{K}$$

とすれば、式(10)の右辺第一項、第二項により、筐体表面からの放熱能力がわかる。

式(10)の右辺第一項＋第二項＝394W>200Wとなって、通風口はいらないと

なる。ここでもし、筐体表面の温度上昇と筐体内部の空気の温度上昇とに10Kの差があるとして、

$$\Delta T_o=20\text{K}, \Delta T=10\text{K}$$

とすれば、式(10)の右辺第一項＋第二項＝174W<200Wとなって、通風口は必要となる。通風口面積は式(1)より、

$$200=174+1000\times0.2\times A_o\times20$$
$$A_o=6.48\times10^{-3}\text{m}^2$$

となる。

次に式(11a)によってA_oを評価する。

ΔT_o=20Kと式(11b)より、

$$\Delta T_m=20/1.3=15.4\text{K}$$

S_{eq2}−1.96m^2、式(11c)より、K=5.0となるから、

$$200=106.3+300A_o\,(0.82/5)^{0.5}\times20^{1.5}$$
$$A_o=8.6\times10^{-3}\text{m}^2$$

となる。

実際にも通風口は必要であり、$A_o=10.0\times10^{-3}\text{m}^2$の通風口が設けられている。ここで筐体表面の温度上昇と筐体内部の空気の温度上昇とは同じとするのは、あまりにも危険である。

5．簡便式の応用範囲と使用条件

5―1　筐体の熱設計用の簡便式

図4に示すような筐体の熱設計用の簡便式の一つとして先に次式を示した。繰り返すと以下のとおりである。

$$Q=Q_1+Q_2=1.78S_{eq2}\Delta T_m^{1.25}+300A_o\left(\frac{h}{K}\right)^{0.5}\Delta T_o^{1.5} \quad\cdots\cdots(12)$$

ここでおもな記号の意味は以下の通りである。

Q：筐体からの全放熱量（W）、Q_1：筐体表面からの放熱量（W）、Q_2：筐体出

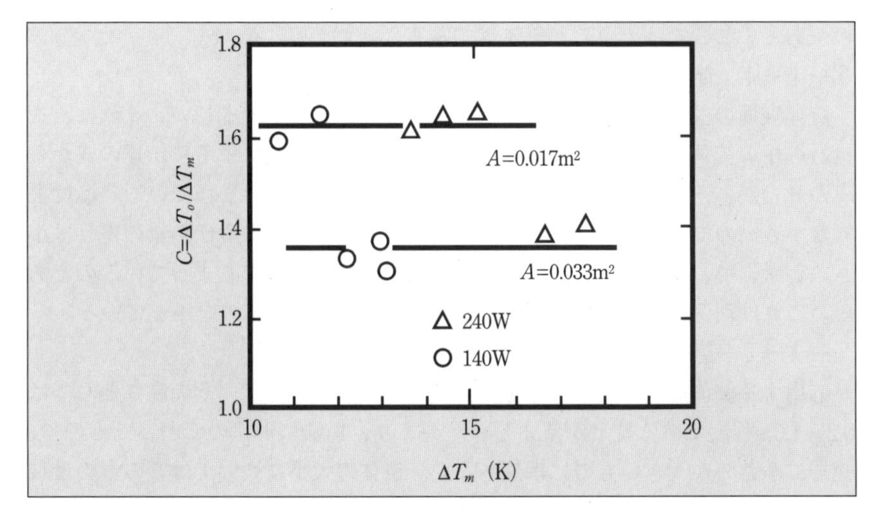

〔図５〕筐体内部の温度分布の偏り

口通気口からの放熱量（W)、S：筐体表面積（m²)、A_o：出口通気口の面積（m²)。

S_{eq}は有効表面積であって、筐体の上面、側面と底面の表面積をそれぞれ、S_{top}、S_{side}、S_{bottom}とすれば、以下の式で表わせる。

$$S_{eq2}=S_{top}+S_{side}+\frac{1}{2}S_{bottom} \quad \cdots\cdots(13)$$

そしてΔT_oは出口通気口での空気の温度上昇で、ΔT_mは筐体内部の空気の平均温度上昇である。両者の間には実験的に以下の関係が求められている。

$$\Delta T_o=1.3\Delta T_m \quad \cdots\cdots(14)$$

この関係は筐体内部の温度分布の偏りを表わす式で、通風が良好でないと式(14)の値1.3はさらに大きくなる（図５)。また、hは煙突高さ（m）で、Kは出口通気口の流体抵抗係数である。hとKについては後に詳しく述べる。

しかし、一般の電子機器筐体ではその内部の流れや発熱分布が複雑で取扱いが困難なため、簡便式とはいえ、それを導くにあたってはいくつかの仮定が設けられている。いわばその式の応用限界を示すものである。したがっていくら簡便式だからといって勝手に使うことは許されない。つまり使用条件というものがある。ここではそのことを述べてみる。

5－1－1　筐体表面の温度上昇

筐体表面の温度上昇はせいぜい30K程度であることが望ましい。それは、式(12)の中の筐体表面からの放熱量を表わすQ_1は自然対流による熱伝達の式から導かれたが、その係数1.78の中には放射熱伝達の影響も含まれている。温度上昇が小さいので、自然対流による伝熱量に対する放射による伝熱量の寄与は小さいと考えて、自然対流の項の中に放射の影響も含ませてしまっているのである。これは別個に伝熱を考えた場合、式自体が複雑になるのを嫌っている。

5－1－2　筐体形状

応用する筐体形状は実験定数を用いているため直方体で、その高さとしては0.2～1.0m程度であることが望ましい。つまり、極端に形状の変わったものや、極端に小さいか大きいものには適さない。筐体の大小についてはこの章の最後に述べる。

5－1－3　発熱体の位置

式(12)では、筐体内部の温度分布が比較的一様であることを前提にしている。つまり、電源部のような主発熱体は筐体下部に配置することを期待している。これは式(12)のΔT_mを筐体空気の平均温度上昇としているが、図5に示すように、筐体内の上部温度と平均温度の比Cが大きく、C=1.7というような場合は、温度分布があまりにも非均一で、平均温度上昇ΔT_mが意味を成さなくなるからである。C=1.3～1.4にとどめるべきである。そのためには、空気の通風をできるだけ良くすべきである。

5－1－4　筐体内部の流体抵抗

これは特に重要なのであるが、式(12)の第二項＝Q_2を導くにあたっては筐体内部の流体抵抗は出口通気口による流体抵抗が代表するとしている。しかしこのことについても後で詳しく述べることにする。

5－1－5　煙突高さhの定義

煙突高さhの定義としては主発熱体から出口までの垂直距離としている。ただし、これは上述したように、電源部のような主発熱体が筐体下部に配置することを想定している場合で、図6に示すような発熱体が複数（n個）に散らばっている場合は、加重平均で表わすのが妥当であろう。つまり個々の発熱体の発熱をW_iとし、その発熱体と出口通気口の中央位置までの距離をh_iとすれば煙突高さhは、

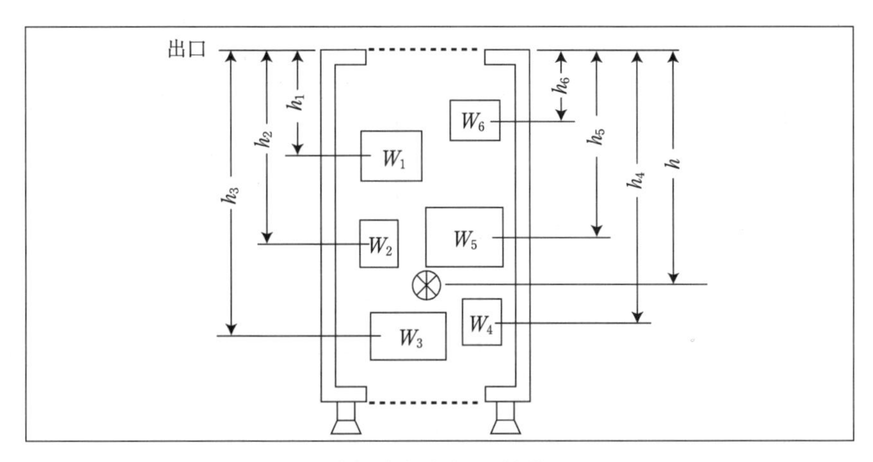

〔図６〕煙突高さの定義

$$h=\frac{1}{W}\sum_{i=1}^{n}W_i h_i$$

$$W=\sum_{i=1}^{n}W_i \quad \cdots\cdots (15)$$

と定義される。

5－1－6　流体抵抗係数K

式(12)のKは筐体内の流体抵抗係数である。ただし出口通気口に、埃よけとして用いられている多孔板、金網やフィルター等の多孔質体が筐体内流体抵抗の主要部となっていると仮定しているので、式(12)のKは出口通気口の流体抵抗係数となる。

5－1－7　出口通気口の流体抵抗要素

出口通気口の流体抵抗要素として、出口通気口の輪郭面積自身が流れを妨げるものと、通気口面積を狭くする要素（グリル、網、フィルターなど）があげられる。ここでは通気口面積を狭くする要素が出口通気口の流体抵抗を代表しているとしている。そこで、多孔板や金網の流体抵抗係数は開口比β（出口空間面積／出口輪郭面積）とレイノルズ数Reの関数でもある。例えば、多孔板では、多孔板の厚みをt、孔径をdとして、t/d=0.5付近では、

$$K=28\left(\frac{Re\cdot(1-\beta)}{\beta^2}\right)^{-0.65} \quad \cdots\cdots (16)$$

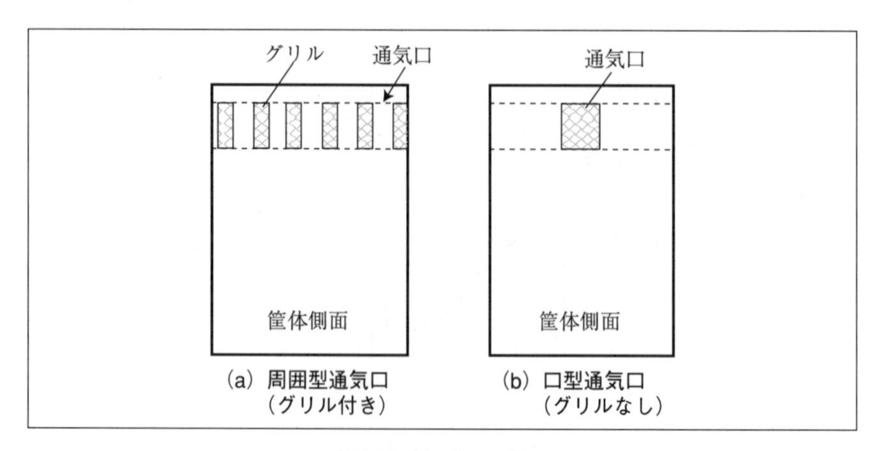

〔図７〕開口比βの扱い

となる。ただし$Re=u\cdot d/\nu$で、uは流体の多孔板への近寄り速度、νは流体の動粘性係数である。

また金網では、代表寸法を金網の線径として、

$$K=40\left(\frac{Re\cdot(1-\beta)}{\beta^2}\right)^{-0.95} \quad\cdots\cdots(17)$$

となる 。しかしRe数は速度の項を含むため、式(12)での取扱いが厄介になるので簡単にしたい。ここでRe数の影響が開口比βの影響に比べると比較的小さいことから、抵抗係数Kを開口比βのみで近似すると、

$$K=\frac{2.5(1-\beta)}{\beta^2} \quad\cdots\cdots(18)$$

となる。

5－1－8　開口比βの扱い

ここで開口比βの扱いについてもう少し詳しく述べよう。図７の(a)と(b)は筐体の出口通気口のあり方を示している。(a)は出口通気口が筐体の上部側面の周囲にグリルを用いて設けられているが、(b) は筐体の上部側面の一部に穴が設けられているものである。ただしグリルは設けられていない。この場合(a)は通気口面積を狭くする要素（グリル）が出口通気口の流体抵抗を代表してい

るといえそうであるが、(b) については少し考慮を要する。(b) については、通気口自身をグリルの一種と想定し、仮想通気口を考えて開口比を考えたほうが良さそうである。

5―2　パラメータの筐体放熱に対する影響

前にも述べたが、式(12)を使用するに際し、発熱体の位置と出口通気口の面積がキーポイントとなっている。そこで以下では発熱体の位置と出口通気口の面積が筐体の放熱に対してどう影響するかについてさらに述べることにする。

5―2―1　発熱体の位置の影響

式(12)を導くにあたって筐体内部が極端に偏った温度分布を示すことを避けている。これは電源などの主発熱体が下部に位置して、大きな煙突効果を期待していることはすでに述べた。つまり、内部実装が密で内部流路における流体抵抗が大きくて流れが澱むというようなことは期待していない。ここで図８に示す電源部とPCB（Printed Circuit Board）から構成される電子交換機用の筐体（C1筐体、詳細は表１）の電源部の位置を図に示すように変えて温度分布を測定した結果が図９である。図８の筐体では電源部の位置を、下から数えて１段目と、上から数えて１段目に、それぞれ向かって右側に設置した。他の段にもPCBが実装されているがその発熱は電源部に比べて小さい。はじめに電源部が４段目にあると出口との距離がなく、煙突高さhが小さいため、浮力による駆動力が小さいために自然循環流量が少なく、さらに４段目の一部で流れが澱む部所ができていることから、温度の極端に高い所（Hot Spot）が存在する。それに比べて電源部を１段目に設置した時は出口までの距離が大きく、煙突高さhが大きくなり、その分浮力による駆動力が大きくなって循環流量も増え、電源部での温度上昇は低く抑えられている。また電源部により暖められた空気は筐体側面との熱交換をしながら上昇していくので、温度はやや低くなっている。その結果、温度上昇分布は電源部が４段目にあるのと比べ数段一様化されていて、特に流れが澱む所も４段目のごく一部を除いて見当たらない。この温度分布の一様化こそが式(12)の右辺第一項を求める際の暗黙の了解でもある[1)]。

5―2―2　出口通気口面積の影響

式(12)で出口通気口面積A_oの値が大きくなればなるほど、放熱量Q_2がいくらでも増えることになっている。これも明らかに非現実的である。実はこれを規制しているのが、筐体の流体抵抗は出口通気口が代表するとしたことである。

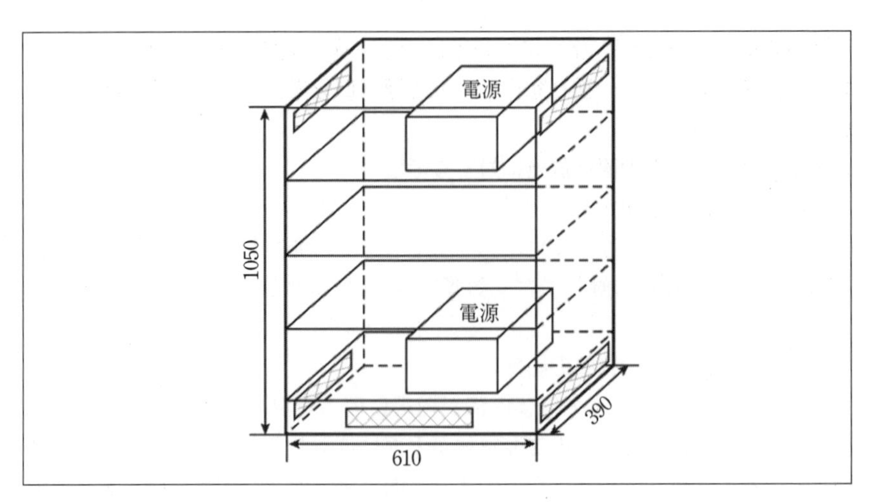

〔図 8 〕筐体中の電源位置

〔表 1 〕筐体の仕様

ケース	大きさ（m）	S_{eq}（m²）	A_o（m²）	h（m）	β
C1	0.61×0.37×1.05	2.40	0.03	0.90	0.4
C2	0.515×0.395×0.91	1.96	0.03	0.82	0.5
C3	0.40×0.40×0.40	0.88	0.033	0.32	0.3

入口通気口については、その面積は十分大きく筐体の流体抵抗には寄与しないという暗黙の了解を含んでいる。ここで出口通気口面積と筐体からの放熱量との関係を調べるために、出口通気口面積を変えて温度分布を測定した結果が図9である。出口通気口面積はそのビニールテープを徐々に剥がしていきながら変化させた。そして測定温度は0.1mm径のC-C熱電対で 5 点測定してその平均としている。図10では、式(12)を用いての予測温度も同時に示している。いまA_oを0から徐々に大きくしていくと、ΔT_oは落ちてくるが、その傾向は式(12)からの予測値とも一致している。ところがA_oが0.02m^{2}を超える予測値は落ちているが、実測値のほうは横ばいである。この値が式(12)の適用限界となっている。この意味は以下のように解釈できる。A_oが限界値以下では出口通気口の流体抵抗が筐体の他の要素にくらべ大きく支配的であったがA_oが限界値に達すると出口通気口の流体抵抗は比較的小さくなり、他の例えば、基板間の流れに

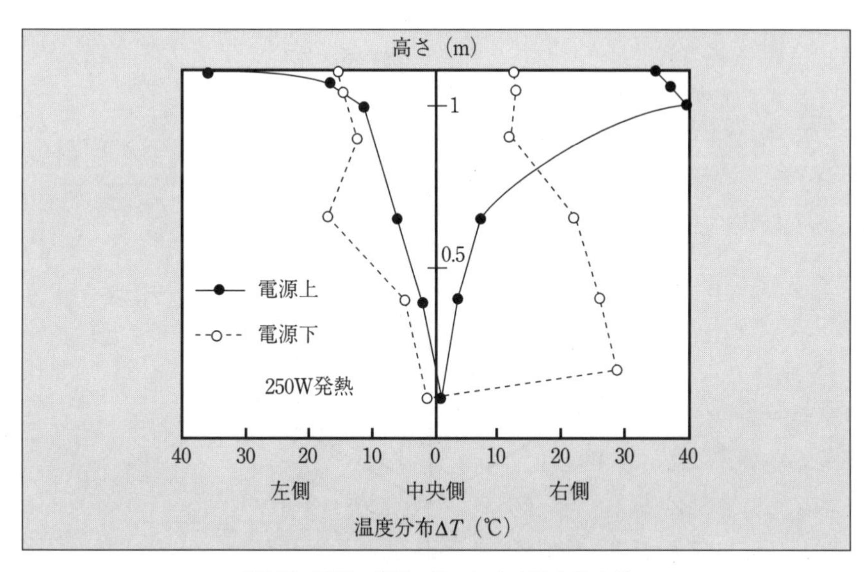

〔図９〕電源の位置の違いによる温度分布差

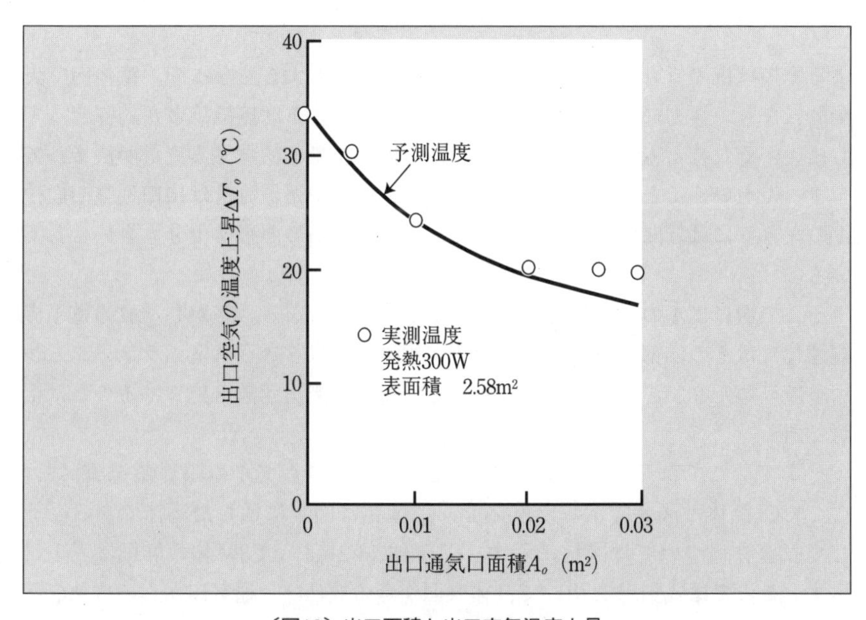

〔図10〕出口面積と出口空気温度上昇

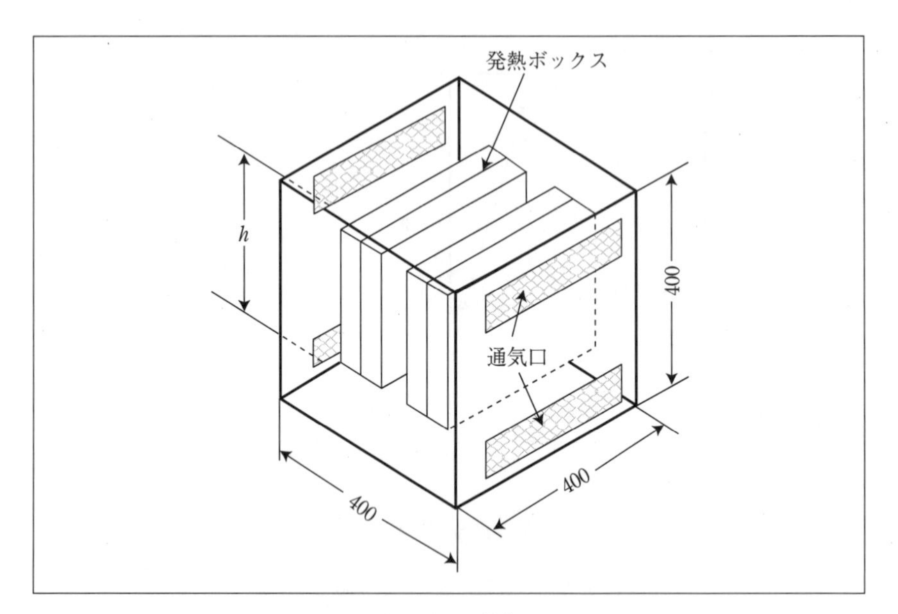

〔図11〕C3筐体

よる摩擦抵抗のほうが出口通気口の流体抵抗よりも大きくなって、筐体内で支配的になり、浮力による駆動力と基板間の流れによる摩擦抵抗とが釣り合ってしまい、それにともなって空気が入口から出口までに循環する流量が決まってしまったということであろう。こうなると、もはや循環流量は出口通気口面積A_oの大きさには無関係になる。この時、入口通気口の面積は十分大きいとしている。

そこで次にはA_oの限界値をどう求めるかが問題となる。しかし一般の電子機器筐体ではその内部の流れや発熱分布が複雑で、取り扱う構造パラメータも多用多岐にわたり、A_oの一般的な限界値を判定する無次元数を見つけることは至難である。

そこでここでは三種の筐体（C1、C2、C3）についてA_oの限界値を調べた。ここでC1筐体は図８で示した筐体で、C2筐体は図４に示した筐体である。そしてC3筐体については図11に示す。C1筐体、C2筐体とC3筐体の詳細は表１に示す。ここでは式(12)を用いて筐体表面からの放熱Q_1と通気口からの放熱Q_2とを計算して、この３種の筐体におけるQ_1とQ_2との比を式(13)のS_{eq}との関係で表

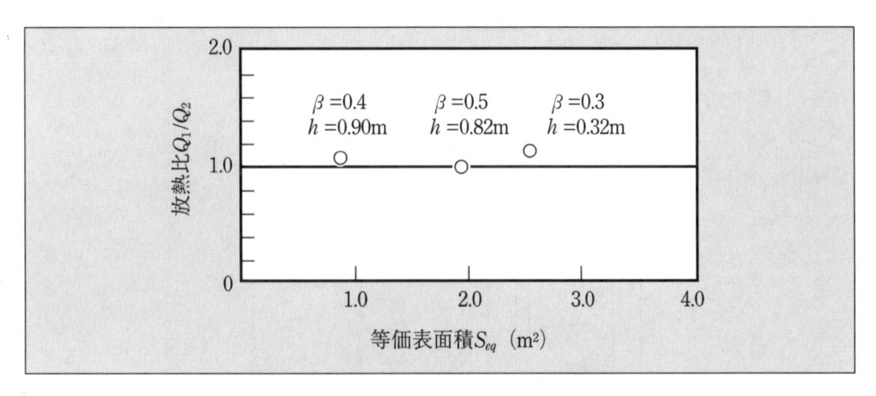

〔図12〕出口面積のしきい値における放熱量比

わしたのが図12である。すると三つのデータはQ_1とQ_2との比が1.0付近に集められる。ここで図12から得られた結果については、供試筐体が３種と限られているので、一般的な判断とはならないが、A_oの限界値を設定する上で、

$$Q_1 \geq Q_2 \quad \cdots\cdots (19)$$

が一つの判断基準としての推定材料にはなると考えられる。そしてこの判断基準を受け入れると、筐体の熱設計は式(12)のほかに式(19)を条件の一つに加えれば筐体からの放熱に対してA_oの大きさの効果を過大に期待するという危惧を防ぐことができる[1)]。またこのことは、電子機器の熱設計にあたって通気口からの放熱に大きく期待する設計を戒めていることにもなっている。つまり、熱設計の基本は筐体表面からの放熱を旨とすべきで、そのためには筐体内部の温度分布の均一化が重要であることを示唆している。

6．熱対策

通風筐体についても密閉筐体と同じように具体的熱対策を考えよう。密閉筐体ですでに述べたことは省略して、主に流体抵抗の減少化から考えてみよう。

(1) 入口は十分大きくとる

筐体中の空気は暖められているから膨張するので、出口の面積は入口よりも大きくすべしとの意見もあるが、電子機器の温度上昇ΔTはせいぜい40℃であるし、出口と違って入口は下方で目立たなく比較的大きな穴をあけやすいので、入口での流体抵抗を減らしてやる意味からも、入口は十分大きくとるべきだろ

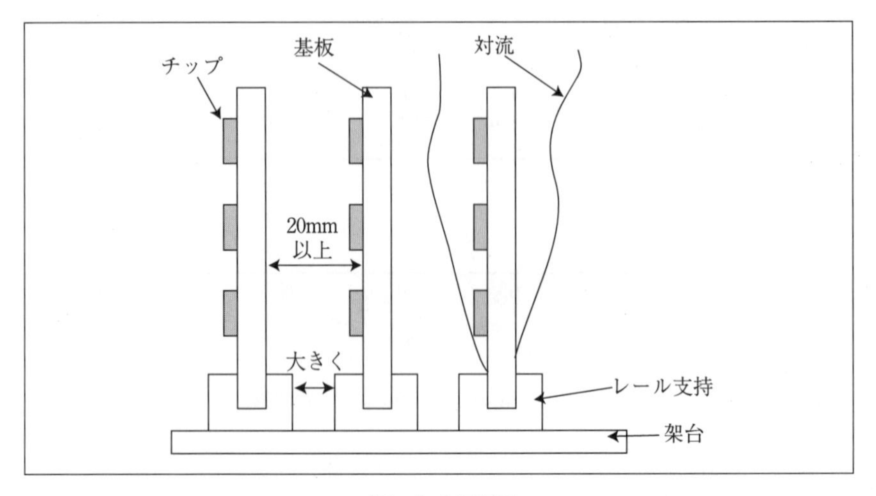

〔図13〕基板間隔

う。

(2) 基板間は20mm以上広げること

図13に示しているように、基板内を確実に空気が上昇できるために、パッケージの高さも考慮して間隔は20mm以上取りたい。

(3) 段数は少なくすること

段があると、そこに基板を支持するレールも必要で、流路が曲げられるか障害物となるかの条件が加わるので、段数は少ない方が良い。

(4) 電源は下にすること

とかく熱いものは上に祭り上げることが多い。これも無理からぬことではある。つまり、熱に弱い電子素子と強い電子素子をうまく配置するなどとてもできない相談であるため、熱の出る物を上に上げておけばその下にある素子は安全であるからである。しかし、電源自体の素子を考えると、図９をみてもわかるとおり、思い切って電源を下に置いてみるのも冷却の上で得策であることが多い。とくに、筐体からの放熱をうまく利用できれば、内部の温度分布の一様化にもつながって、案ずるより産むが易しになる可能性もある。

(5) 空気流路の効率化を図ること

電子機器内の空気の流れが複雑にみえるのは、部品配置が込み入っており、その部品自体の流体抵抗はわからないため、どういうふうに空気が流れるのか

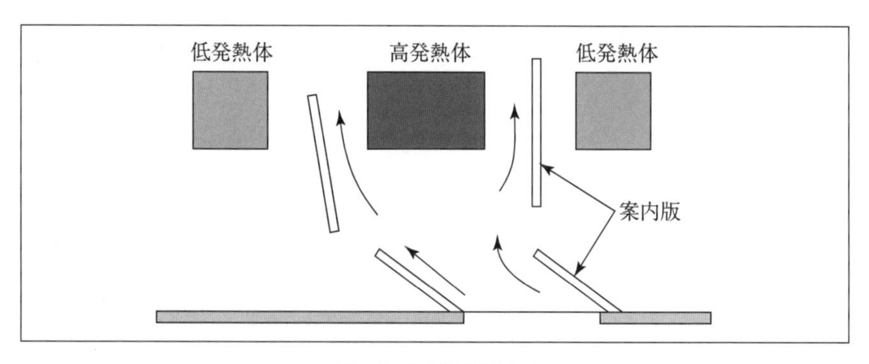

〔図14〕案内板を設ける

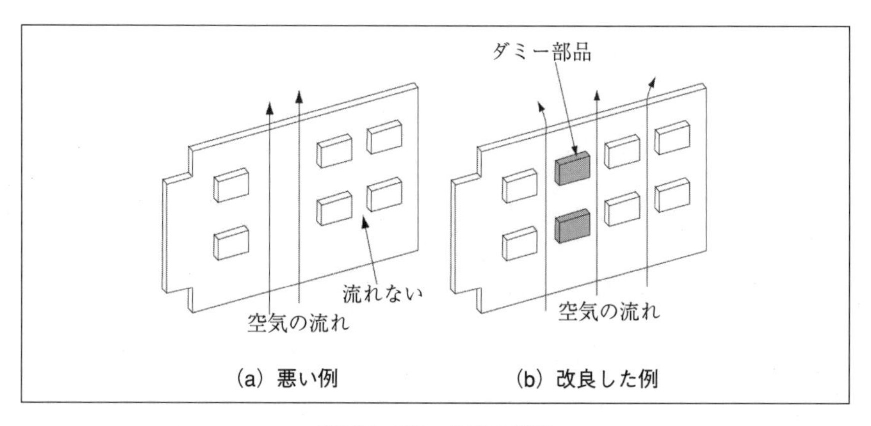

〔図15〕ダミー部品の利用

さっぱり検討がつかないからである。しかし、確実に言えることは、空気は単に浮力で上昇するにしても、流体抵抗の少ない流路を選ぶということである。そして、流路の抵抗値との関係で、流量が決定されているということであるから、いくら冷却したい素子でも大きな抵抗の流路に置いてしまっては冷えるものも冷えなくなる。したがって、どうしても優先して冷やしたい部品があったら、そこに優先的に空気が流れるように考えることが重要である。

たとえば、図14のように案内板を設けるとか、図15に示すようにダミーの部品を用いてでも、流れの一様化を図ってやるなどの手段が必要になってくる。しかし、これは苦肉の策で、このようなことをしなくてもすむように、発熱体の配置などを事前に考慮しておくべきである。これらのことは強制空冷でも言えることである。

5　強制空冷筐体内の放熱設計

1．はじめに

本章ではファンを用いた強制空冷筐体内の放熱設計について述べる。強制的に冷却する手段としては、液体を使った方法もあり、その場合は、ファンの代わりにポンプを用いて液体を輸送することになる。ここでは、流体を空気に絞った空冷について述べる。強制空冷はファンによる騒音の問題もあるが、最も多く行われている冷却方法である。自然空冷の場合は、冷却能力が低いので、放射の影響が大きいが、強制空冷の場合は、冷却能力が比較的大きいので放射の影響が小さく、その影響は無視されることもある。ただし、風速が1m/s程度かそれ以下の場合には、その影響は無視できない。

2．強制対流中の平均熱伝達

空気の出入口のある筐体の設計について述べる前に、まず、設計に使うごく基本的な平板の熱伝達率の式から紹介しておく。ここで設計に使うと書いたが、厳密に設計に使える熱伝達率を表す式はない。つまりあらゆる素子が搭載された複雑な基板上の熱伝達率を表す一般式は未だ得られていないのである。そこで、熱伝達の基本になる平板の式を紹介し、ここでの設計式として使う。よって読者がよりよい熱伝達式を独自に所有している場合は、この平板の式の代わりにその式を使えば良いのである。

そして図1に示すような平板上の強制対流による局所熱伝達式としては以下のものが得られている。

◇平板の局所層流熱伝達（$Re<3\times10^5$）

$$Nu=0.332Pr^{\frac{1}{3}}Re^{\frac{1}{2}} \quad \cdots\cdots (1)$$

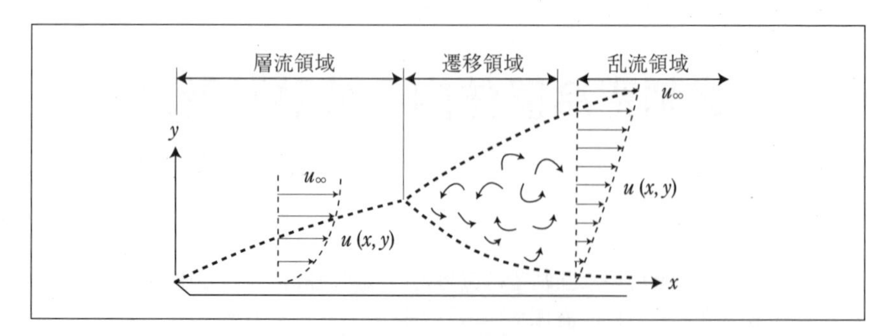

〔図１〕平板上の強制対流

◇平板の局所乱流熱伝達（$Re>3\times10^5$, $0.5<Pr<5$）

$$Nu = 0.0296 Pr^{\frac{2}{3}} Re^{0.8}$$
$$Nu = \frac{\alpha x}{\lambda}, Re = \frac{ux}{\nu} \quad \cdots\cdots(2)$$

ここで、xは平板先端からの距離、uは平板上の流速である。その他は自然対流熱伝達と同じ記号である。無次元数についても伝熱の基礎の章で説明している。

ところが、実際では、局所の熱伝達率はあまり必要としない。ある長さLにおける平均熱伝達率が使われる。また、現在の電子機器は騒音を嫌うので、内部風速は小さい。そのため、部品表面上の流れの境界層は層流がほとんどである。そのため、式(1)を積分して求めた長さLにおける次式がよく使われる。

$$Nu_L = 0.664 Pr^{\frac{1}{3}} Re_L^{\frac{1}{2}}, \quad Re < 3\times10^5 \quad \cdots\cdots(3)$$

$$Re_L = \frac{uL}{\nu}$$
$$Nu_L = \frac{hL}{\lambda} \quad \cdots\cdots(4)$$

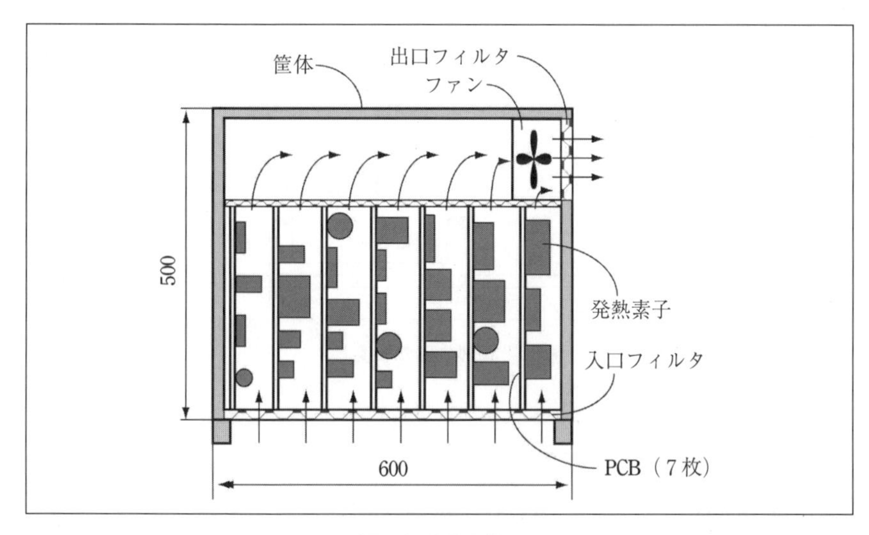

〔図2〕設計用筐体

3．ファン筐体の設計

3—1　必要ファン流量

次に示す仕様をもつ図2の筐体の設計例を示す。

◇流入空気温度　　　：30℃
◇素子表面温度　　　：<110℃
◇PCB（7枚実装）　：40W／枚発熱
◇奥行き　　　　　　：0.4m
◇高さ　　　　　　　：0.2m
◇間口　　　　　　　：0.6m

筐体内部の温度上昇は図3に示すように二つに分けられる。

①冷却空気の温度上昇：ΔT_1

②冷却空気から素子表面までの熱抵抗による温度上昇：ΔT_2

そこでまず出口の温度を50℃と仮定する。

まず、筐体表面からの自然空冷と放射による放熱量を見積もってみよう。

前章で紹介したが、次式から見積もってみる。

$$Q_1 = 1.78 S_{eq2} \Delta T_m^{1.25} \quad \cdots\cdots (5)$$

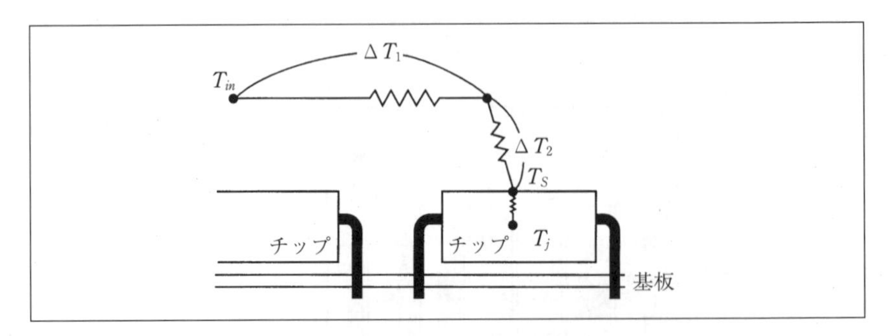

〔図 3〕筐体内部の温度上昇

$$S_{eq} = S_{top} + S_{side} + \frac{1}{2} S_{bottom} \quad \cdots\cdots (6)$$

各面の面積は、

S_{top}=0.4×0.6=0.24（m²）
S_{side}=2×0.5×(0.6+0.4)=1.0（m²）
S_{bottom}=0.4×0.6=0.24（m²）

であるから、

S_{eq2}=1.24+0.5×0.24=1.36（m²）

となる。
ΔT_mは入口温度と出口温度の平均40℃を平均温度とすれば、平均温度上昇は、

ΔT_m=(40−30)=10（℃）

となるので、

Q=1.78×1.36×(10)$^{1.25}$=43（W）

となる。これが筐体表面から自然空冷と放射によって放熱される分である。
基板からの総発熱が50×7=350（W）であるから、この43（W）を差し引くとファンによって放熱しなくてはならない量は、Q=350−43=307（W）となる。そして、その熱量を放熱するための流量Vは、以下の式で求められる。

$$V=\frac{Q}{\rho c_p \Delta T_1} \quad \cdots\cdots (7)$$

ここで、ρは空気の密度（kg/m^3）、c_pは定圧比熱（J/kg℃）である。そしていま、ΔT_1=50－30=20（℃）、50℃では、c_p=1000（J/kg℃）、ρ=1.1（kg/m^3）となるから、

V=307/(20×1000×1.1)=0.014（m^3/s）

となる。

つぎに冷却空気から素子表面までの熱抵抗による
温度上昇ΔT_2は、

$$\Delta T_2=\frac{Q}{(\alpha \times A)} \quad \cdots\cdots (8)$$

で求められる。しかし、熱伝達率αは厳密にはわからないので、上述したように平板上の熱伝達率の値で近似することにする。

そこで、Nuを計算するためにはReの値が必要であるが、そのためには流速uの値が必要である。そこで、流速uは図２で基板と素子との最小間隔（いま仮に3.0mm）における流速を代表流速とする。ここで、どの基板間隔も流体抵抗損失が同じと仮定すると、基板１枚当たりに流れる流量V_sは、V_s=V/7=2×10^{-3}（m^3/s）となり、素子と基板面との流路面積は、

A=5.0×10^{-3}×0.4=2.0×10^{-3}（m^2）

となる。よって、流速uは、

$$u=\frac{V_s}{A}=\frac{2.0\times 10^{-3}}{2.0\times 10^{-3}}=1.0\ (\text{m/s}) \quad \cdots\cdots (9)$$

と求まる。するとRe数は、代表長さL＝高さ＝0.5m、動粘度ν =0.196×10^{-4}（m^2/s）として、

$$Re=\frac{uL}{\nu}=2.55\times 10^4<3\times 10^5$$

となり、層流熱伝達であることかわかる。したがって式(8)を使って熱伝達率

を求める。

$Nu=hL/\lambda$より、熱伝達率αは、

$$\alpha=\frac{\lambda}{L}\times0.664\times Pr^{\frac{1}{3}}\times Re^{\frac{1}{2}}$$

となるから、Pr=0.71、λ=0.0287（W/m℃）、L=0.5（m）、$Re=2.55\times10^4$を代入して、

$$\alpha=5.3.4\ \text{(W/m}^2\text{℃)}$$

と求まる。

すると、冷却空気から素子表面までの熱抵抗による温度上昇ΔT_2は式(8)より、A=0.5×0.4=0.2 (m²）として、

$$\Delta T_s=\frac{Q_s}{(\alpha\times A)}=\frac{50}{(5.44\times0.2)}=46.0$$

となり、素子表面温度は、出口の温度を50℃に仮定したので、出口付近での素子表面温度は、

$$T_s=50+46=96℃<110℃$$

となる。これはかなりの安全余裕があると思われるが、熱伝達率の算出式に平板の式を使っていることを考えると、このくらいが妥当な線とも考えられる。さらに余裕を持たせるためには、出口の温度を50℃よりも低く仮定して、はじめから繰り返すとよい。

3―2　ファン選定のしかた

3－2－1　筐体圧力損失の見積もり

次にどれだけの圧力上昇を必要とするファンを選ぶかを検討するために、筐体内の圧力損失の見積もりが必要になる。

まず代表流速は式(9)の、u=1.00（m/s）とし、それによる動圧は、

$$\rho u^2/2=1.03\times(1.00)^2/2=0.515\ \text{(Pa)} \quad\cdots\cdots(10)$$

となる。そこでつぎに流体抵抗係数を見積もる。

筐体内の圧力損失と流体抵抗係数Kをあらいだすと大雑把には以下のようになる。

損失の種類	Kの値
入口フィルタ（β=0.4)	9.4
曲がり損失　0.1×25	2.5
拡大と縮小　0.5×13	6.5
出口フィルタ（β=0.4)	9.4

ここで、フィルタに関しては、

$$K=2.5(1-\beta)/\beta^2 \qquad (11)$$

から算出した[1)]。そして曲がり損失は、１個につき0.1と見積もり、全部で25個があるとして、2.5とした。拡大と縮小に関しても同様である。

ただし、この抵抗係数Kから圧力損失ΔPを求める場合には、i番目の抵抗係数K_iの値に、その抵抗流路に相当する速度u_iを算出して

$$\Delta P=\sum_{i=1}^{n} K_i \frac{\rho u_i^2}{2} \qquad (12)$$

から求めるのが正式であるが、各部の速度u_iを求めるのは大変難しいので、ここでは全体の圧力損失ΔPは式(10)の動圧を代表させて簡易的に次式で求める。

$$\Delta P=\sum_{i=1}^{n} K_i \frac{\rho u_i^2}{2}=27.8\times 0.515=14.3\ (\mathrm{Pa}) \qquad (13)$$

となる。(1mmH_2O=9.8Pa)

実際には、流体抵抗係数Kの資料は少ないので、全体の圧力損失ΔPの見積もりには経験的な余裕を与えるのが普通である。

３－２－２　ファン選定

以上にて、筐体を流れる必要流量とその時の圧力損失が見積もれたので、次に最適なファンを選定することになる。図４で、原点から２次曲線に近い曲線が流体抵抗曲線で、流量V=0.012（m^3/s）と圧力損失ΔP=26.4（Pa）の点を通る曲線である。

そして、この抵抗曲線に流量と圧力上昇（ファンからみれば圧力上昇という言葉になり、筐体からみれば圧力損失になる）に１～２割の余裕を加えた抵抗曲線の点と交わる性能曲線を有するファンを選定することになる。その際、ファン性能曲線で右下がりの曲率の大きい点と抵抗曲線とが交わるようなファン

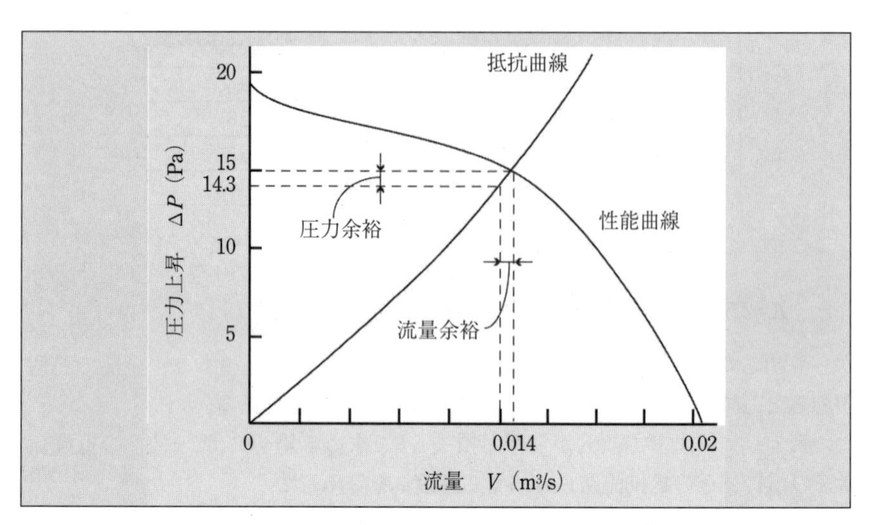

〔図４〕ファンの性能曲線

選定が望ましい。それは、ファン性能曲線のその近辺に最高効率点が存在することが多く、騒音も比較的低いからである。

6　流体抵抗とファンの特性

1．はじめに

強制空冷は、電子部品が実装された空間内をファン、ブロア等で通風することによって放熱を行うことであるが、その場合に問題となるのは、ファンの特性と、電子機器内に形成される通風路の流体抵抗である。ここでは電子機器通風路の流体抵抗とこれと組み合わせるファンの特性との関係について述べる。

2．通風路の流体抵抗

管路の流体抵抗損失は、抵抗係数（損失係数との言い方も多い）Kを用いて、$\Delta P = \frac{K}{2}\rho u^k$と表されるが、電子機器の場合は、速度$u$の代わりに流量$Q$を用いて次式で表すとわかりやすい。

$$\Delta P = R_f Q^x \quad \cdots\cdots (1)$$

ここで、R_fを通風路の通風抵抗と呼び、R_fによってその通風路の通風特性を表す。Qの指数xは、一般に流れの状況（層流、乱流）によって異なるが、電子機器ではx=1.8～2.0という数値がとられることが多い。多くの場合、x=2あるいはx=1.85などとして近似的に扱う実用的な方法がとられる。

今簡単のために、通風路の断面積Aが一定の場合について考えると、風速をuとしてQ=Auであるから、

$$\Delta P = K\frac{1}{2}\rho u^2 = f\frac{\ell}{d_e}\frac{1}{2}\rho\left(\frac{Q}{A}\right)^2 \quad \cdots\cdots (2)$$

となり、これと式(1)とから、

$$R_f = f\cdot\frac{\ell}{d_e}\cdot\frac{1}{2}\cdot\rho\frac{\ell^2}{A^2} = f\frac{\ell}{d_e}\frac{1}{2}\rho\left(\frac{Q}{A}\right)^2 \quad \cdots\cdots (3)$$

となる（x=2のとき）。すなわち、通風抵抗R_fは式（3)の右辺に示される因子を含むことがわかる。ただし、fは通風路の等価的管摩擦係数、d_eは通風路の等価

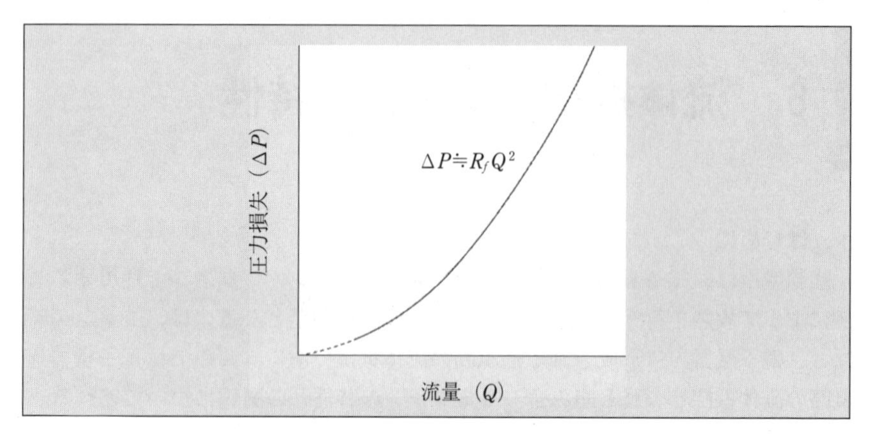

〔図１〕電子機器の通風抵抗特性

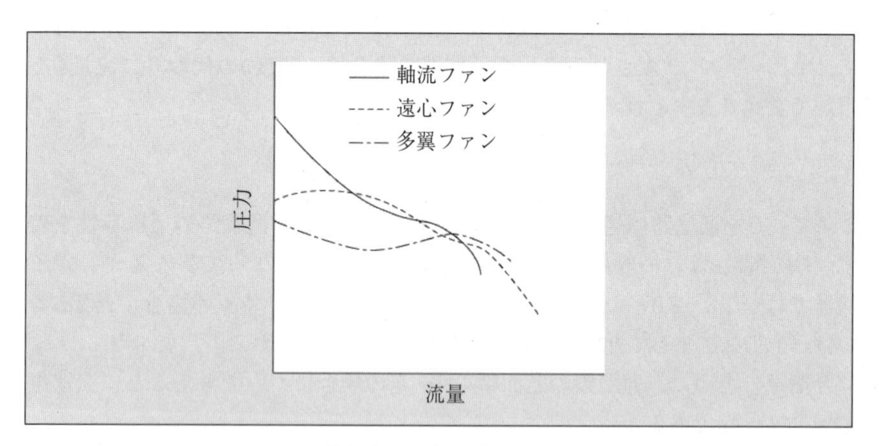

〔図２〕送風機の特性の例

水力直径、ℓは通風路の有効長さ、ρは空気密度である。ここでρは一般に温度によって変化するので、R_fは温度によって変化する。しかし、エレクトロニクスにおける通常の温度上昇は、絶対温度で10%内外であるから、近似的にρを一定として扱っても大きな誤りは生じない。

以上のことから、電子機器内を通過する流体の流量と、通風路の入口と出口の間の圧力損失ΔPとの間には、ほぼ図１のような関係が成り立つ。同図において、Qが小さい部分が破線の直線になっているのは、この部分では層流が支

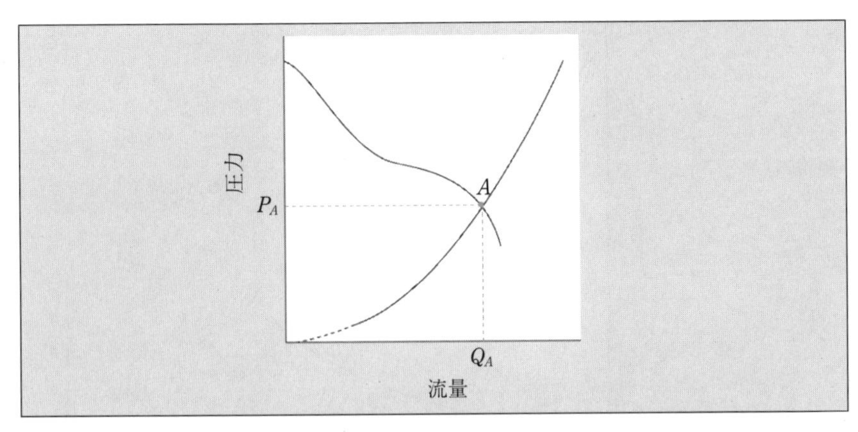

〔図３〕送風機と通風路の特性の組み合わせ[4)]

配的となり、ほぼx=1が成り立つためである。

一方、ファンには種々のタイプがあるが、その特性も風量と圧力で表され、たとえば、軸流ファン、遠心ファン、多翼ファンの例では図２のようになる。風の流路を閉じて流量が０のときファンの圧力は最大となり、流量を全開にして最大とすると圧力は最小になる。なお、この圧力は全圧で静圧と動圧の和であり、流量＝０のときは静圧のみとなり、流量最大のときは動圧のみとなる。

次に、これらの特性を有する通風路とファンとを組み合わせた場合を考える。流量―圧力の同一座標軸に対して示すと図３のような、いわゆるファンと通風路との適合線図となる。図において、両特性曲線の交点Aが動作点であり、Aに相当する圧力P_A、流量（Q_A）によって通風が行われる。なお、通常は両曲線とも静圧曲線が用いられるので、動作特性は図４のようになる（動作点：B（圧力P_B、流量Q_B））。

この場合、もし通風抵抗が増加すれば図の破線のようになり、動作点は$B\Pi$となって流量は減少する（$Q_B<Q_A$）。

定常状態においては、$B\Pi$点で示される流量、圧力が得られるが、もし何らかの理由で流量が減少したとすると、ファンの圧力が通風に必要な圧力より大きくなるので、流体は加速されて流量が増す。その増加は再びBに落ち着く。逆に流量が増加したときは、流体はやはりBに落ち着く。すなわち、$B\Pi$は「安定な」動作点である。

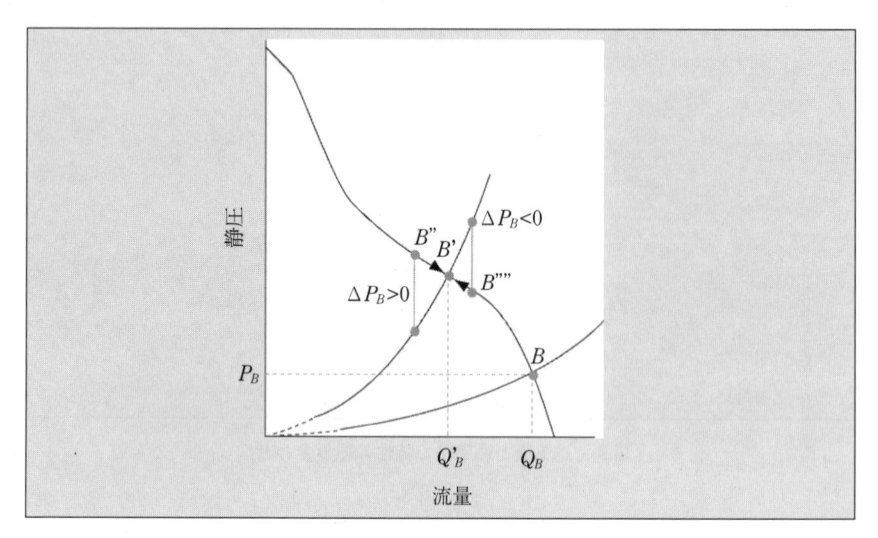

〔図 4〕 静圧特性 [1)]

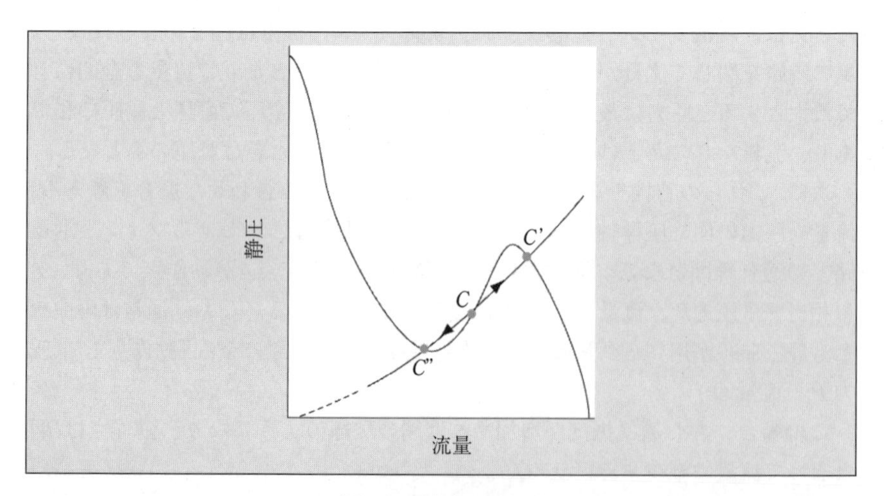

〔図 5〕 不安定な動作点

これに対して、もし図５で示されるような特性があったとすると、*C*という動作点ではもし何かの理由で流量が減少すると、今度はファンの圧力の方が通風に必要な圧力より小さくなるので流体は減速され、流量はますます減少する。

その結果、動作点は$C_{Ⅱ}$に移動する（$C_{Ⅱ}$は安定)。C点から流量が増加したとき動作点はC◎に移る。すなわち、Cは不安定な動作点である。一般に、ファンの特性曲線に右上がりの部分があるときは、通風抵抗特性の状態によってはある流量区間は不安定領域となって、その区間の流量は実際には実現されないことがありうる。

通常、ファンのカタログ等には他の特性とともに、静圧特性が示されていることが多い。

3．ファンの並列・直列特性

ファン１個のみでは風量あるいは圧力が不足する場合、同じ送風機を２個以上用いることがある。このとき、風量あるいは圧力はファンの個数倍にはならないが、一般に、ファンを２個並列に置いたとすると、平均的な特性としては、同じ圧力に対して風量はほぼ２倍となる。

ファンを直列配置の場合の特性、およびこれを一つの通風路と組み合わせたときに得られる圧力は２倍にならない。また、直列配置の場合、２個のファンを直列に設置すると、一つのファンの特性が他のファンの特性に影響を与えるので必ずしも期待するような特性とはならない。一般には、両方のファン間に風の流れを調整するためのスペースを設ける[1)]。

4．障害壁の影響

電子機器の最適熱設計を考える際には、熱と流体力学の両方を考慮して行わなければならない[1)]。これは、大きなファンを取り付けて風量を上げ、温度を低くしても意味がなく、ある程度作動温度を高くして（許容値による）ファンを小さくし、コストを下げるほうがよい設計であると言われる。一般に、電子機器の冷却には、小形軸流ファンがよく用いられる。しかしながら、このファンの性能は、筐体内の形状、取り付け位置により変化することが経験的に知られている。ここでは、各種ファンの吐出し口、もしくは、吸込み口に穴なしの障害壁を設けた場合の性能実験とその結果の例を紹介する[1)]。

4―1　実験装置および方法

図６に実験装置を示す。小形軸流ファンには、流量を測定するためダクトが取り付けられている。ダクト長さは、500mmで、直径はファンの直径にあわせて116mm、86mm、76mmの３種類を用いている。流量は、ダクト内を熱線流

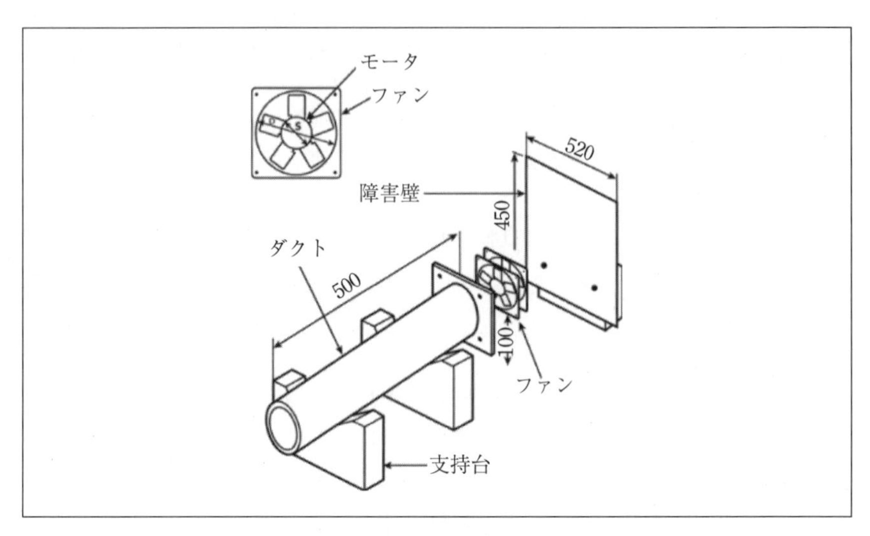

〔図６〕実験装置

〔表１〕ファンの諸元

	記号	ファン外径 D (mm)	ファン厚さ (mm)	モータの直径 d (mm)	出力 (W)	回転数 (rpm)	最大風景 (m/min)	最大静圧 (mmAg)	周波数 (Hz)
ア	○	116	38	60	14	2450	2.2	6.0	50
イ	●	116	25	60	14	2500	1.9	5.5	50
ウ	⊗	116	25	60	10	1800	1.4	2.5	50
エ	⊕	116	20	60	8	2200	1.5	3.5	50
オ	△	86	25	60	11	2550	0.8	4.5	50
カ	▲	86	25	60	7	2000	0.58	2.9	50
キ	◬	86	20	60	7	2500	0.65	4.0	50
ク	□	76	20	60	7	2200	0.4	2.1	50

速計で流速分布を測定し、この分布から算出している。ダクトの反対面であるファンの吐出し、または、吸込み口側には520mm×450mmの障害壁を設け、支持台に取り付けている。床の影響をなくすため、ダクトを支持台に載せ、床から約100mm離している。表１に評価に用いたファンの主な寸法と性能を示す。ファンの特徴として、高出力形、低騒音形、超薄形を用い、ファンの外形寸法は、直径Dが116mm、86mm、76mm、厚さが38mm、25mm、20mmを用いた種々の組み合わせで行っている。

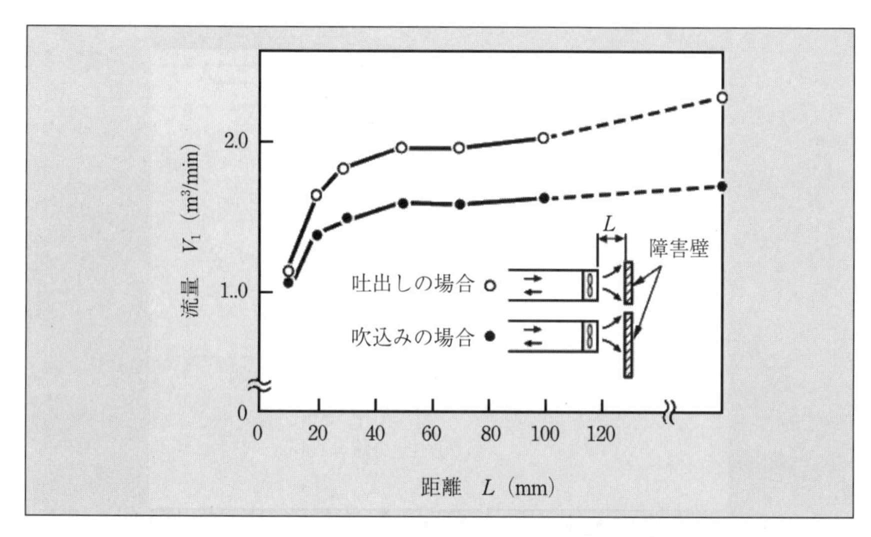

〔図７〕流量*V*と障害壁とファンの距離*L*との関係

４―２　実験結果

図７に流量V_1と、障害壁とファンの距離Lとの関係の一例を示す。吐出しの場合より、吸込みの場合の流量V_1が少なめにでている。これは、ダクトに空気が吸い込まれるか、吐き出されるかによる違いと、ファンの特性によるものと考えられる。しかしながら、今回用いたファンでは、いずれの場合でも距離Lが小さくなると、流量V_1が少なくなる傾向を示している。図８に、流量比V_1/Vと、障害壁とファンの距離Lに関係する無次元数$L/(D-d)$の関係を示す。ここでV：障害壁がないときの流量、D：ファンの直径、d：モータの直径である。図８(a)は吐出しの場合、図８(b)は吸込みの場合である。吸込みおよび吐出しの場合ともに$L/(D-d)$が0.4～0.6のところで、急激に流量比が小さくなることがわかる。吸込みの場合では、吐出しの場合よりもバラツキが少し大きいが、流量比が小さくなる位置がはっきりしているのがわかる。

結果のバラツキについて考察してみる。今回利用したデータには、ファンの回転数が明記されていない。このため、まとめた結果は、ファンの回転数の影響もふくまれている。

小形軸流ファンは、モータと一体形で小形にしているためトルクがあまりない。よって、負荷が大きくなるとファンの回転数も少なくなる特性を持ってい

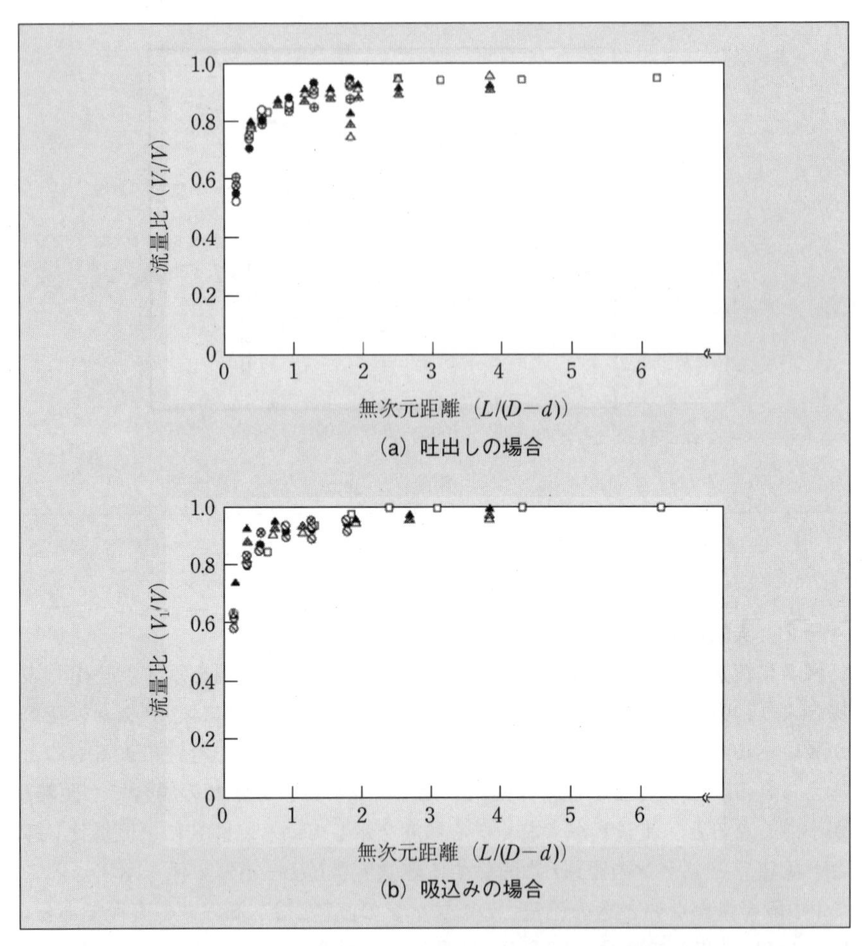

〔図 8〕流量比V_1/Vと、障害壁とファンの距離Lに関係する無次元数$L/(D-d)$の関係

る。このようなことから、各ファンでは、一体になっているモータの出力（トルク）によって、障害壁による負荷と回転数による流量の関係が、微妙にずれていることが考えられる。流量比が急激に小さくなる位置で、言い替えると障害壁による負荷の影響が大きくなる位置で、特にバラツキが目立つものと考えられる。小形軸流ファンの吐出し口、もしくは、吸込み口に障害壁を設けた場合のファンの性能を調べたが、その結果としては、無次元数$L/(D-d)$で整理さ

れ、この無次元数の値が0.4～0.6のところで急激に流量比V_1/Vが小さくなることがわかった。

7　圧力損失とその種類

1．はじめに

電子機器の放熱を考えるとき、筐体内部の流れを把握することが必要である。それは流れがスムーズならば、熱伝達も良く、部品も良く冷えるからである。その際、流れの駆動源が強制空冷ではファンで自然空冷では空気の密度差であるが、その抵抗となるのが圧力損失である。駆動源と圧力損失がバランスをとって筐体内部の流れが安定する。よって、機器内の圧力損失を見積もることはとても大切なことである。

2．圧力損失

一般に圧力損失とは、力学的エネルギの減少をいい全圧減少の形態で表すので圧力損失という。

$$P_T = P_S + \frac{\rho u^2}{2} \quad \cdots\cdots (1)$$

上式で、左辺を全圧と呼び、右辺を左から静圧、動圧と呼んでいる。

いま、図1に示すように、ダクト内で測定する抵抗体（物体）の前流の全圧をP_{T1}、後流の全圧をP_{T2}として、物体による流路の損失分をΔPとすれば、エネルギ保存式より、

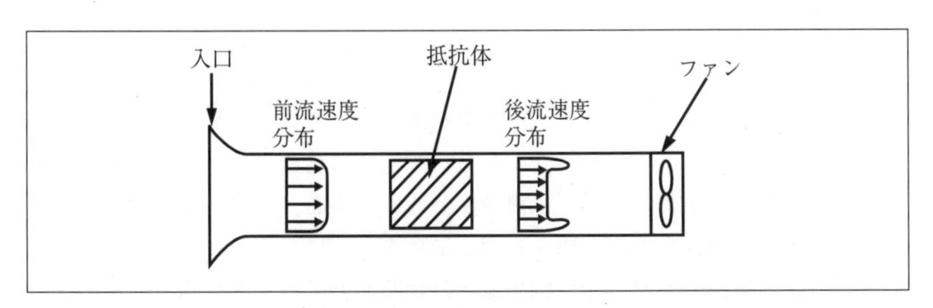

〔図1〕ダクト内の流体抵抗の測定

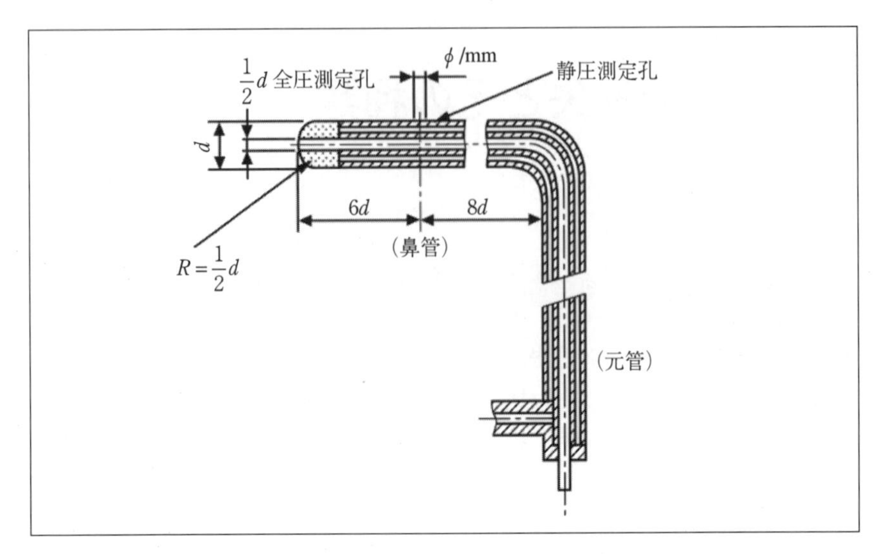

〔図２〕ピトー管

$$P_{T1}=P_{T2}+\Delta P \quad \cdots\cdots(2)$$

となる。これが流路の損失分ΔPの定義式である。ΔPは最終的に熱に変わるので力学的エネルギの減少となる。P_{T1}とP_{T2}は測定できるので、式(2)からΔPが求まる。そしてこの手段にはトラバース法が用いられる。前流側を前流トラバース、後流側を後流トラバースと呼ぶが、その取り扱いはかなり異なる。それは前流側は一般に一様流であることが多く、そのトラバース点は数点で良いが、後流側は物体の後流に関するすべての部分をトラバースするので、測定には慎重を要する。

3．圧力損失の測定

圧力損失の測定は一般にトラバースを利用する。ここでトラバースとは、一本のピトー管（図２）を移動させて多数点測定する場合と、多数のピトー管を固定して測定する場合があるが、前者が一般的である。ダクトでの速度分布の測定例とトラバース点の例を図３と図４に示す。

そして、各断面における全体損失は各分割断面のエネルギ平均で表すのが合理的である。各トラバースの分割断面積をA_i、その部分の流速をu_iとし、全圧

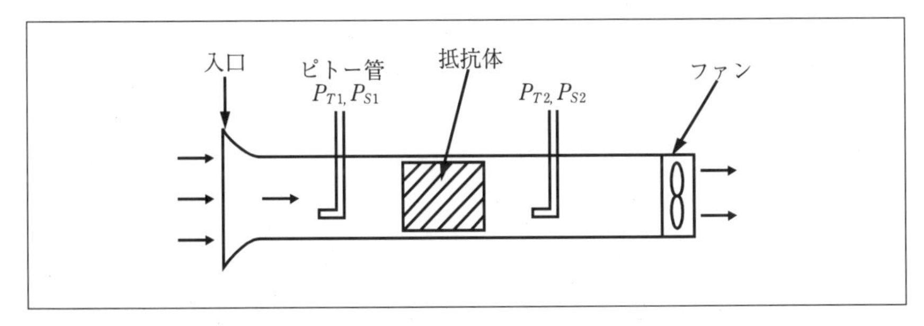

〔図 3〕管内測定例

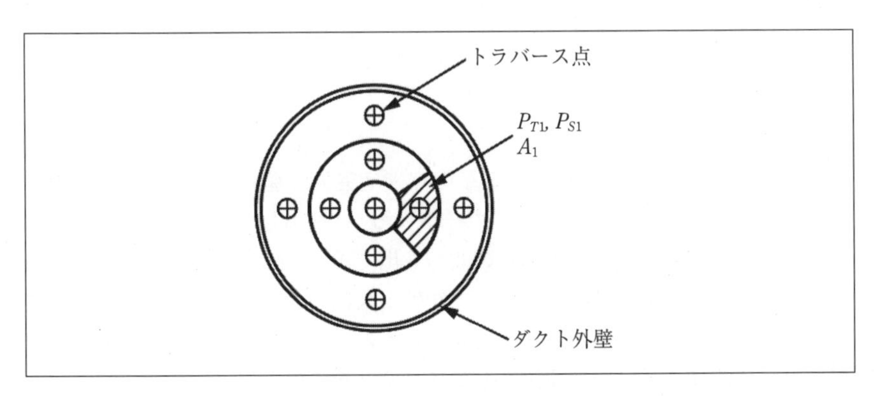

〔図 4〕トラバース測定例

をP_{Ti}とすれば、そのダクト断面の平均全圧P_Tは、n個のトラバース点があるとすると、以下のようにエネルギ平均で求められる。

$$P_T = \frac{1}{Q}\sum_{i=1}^{n} P_{Ti} A_i u_i \quad \cdots\cdots(3)$$

となる。ただし$Q = \sum_{i=1}^{n} A_i u_i$である。

また速度u_iはピトー管の全圧P_{Ti}と静圧P_{Si}の測定から式(1)を用いて、

$$u_i = C\sqrt{\frac{2}{\rho}\left(P_{Ti} - P_{Si}\right)} \quad \cdots\cdots(4)$$

と求まる。ただしCはピトー管係数で$C \fallingdotseq 1.0$である。

式(3)で$P_T \times Q$がエネルギの次元をもっているので、エネルギ平均と呼んでいる。そして、損失の程度を表すには、流体抵抗係数（損失係数ともいう）Kを用いる。つまり代表速度をuとし、ダクト断面積をAとすれば、

$$u=Q/A$$

となり、

$$K=\frac{\Delta P_T}{\frac{1}{2}\rho u^2}=\frac{\left(P_{T1}-P_{T2}\right)}{\frac{1}{2}\rho u^2} \quad \cdots\cdots(5)$$

と定義される。そしてKの値はRe数の関数となっている。

4．低流速での圧力損失の測定

近年電子機器は、LSI等の電子素子の高密度実装が進み、放熱対策が重要となってきた。さらに電子機器がオフィスや家庭に進出したことにともない、電波障害や冷却用ファンによる騒音の問題も出てきた。このような状況下では温度を低下させるために必要なファンや空気出入口における多孔板の孔の大きさを制限せざるを得ず、熱対策は一層難しいものになっている。そのため、電子機器の特に筐体の良好な通風設計が望まれる。その中で出入口通風口に設けられる多孔板（あるいは金網）の流体抵抗の把握が不可欠である。しかし、自然対流や小型ファンによる低流速中の、しかも比較的開口比の小さな多孔板の抵抗資料はほとんど見当たらない。これは低流速中での抵抗測定（圧力と速度）が難しいからである。つまり、空気の自然対流のような流れでは、代表速度をuとし、空気の密度をρとして、流路の圧力損失をΔPとすれば、流路の流体抵抗係数は、全圧の差（$P_{T1}-P_{T2}$）と動圧との比で式(1)から求める。

そこで、たとえば空気の流速が、u=1m/sであれば、その動圧分は0.05mmH_2Oという極めて微圧になり測定が困難である。まして、自然対流の場合、u=0.01～0.2m/sという流速であり、もはや通常のピトー管で測定するのは困難である。

そこで低流速中の抵抗板の抵抗測定が従来の方法とは違った方法で行われたので紹介する。

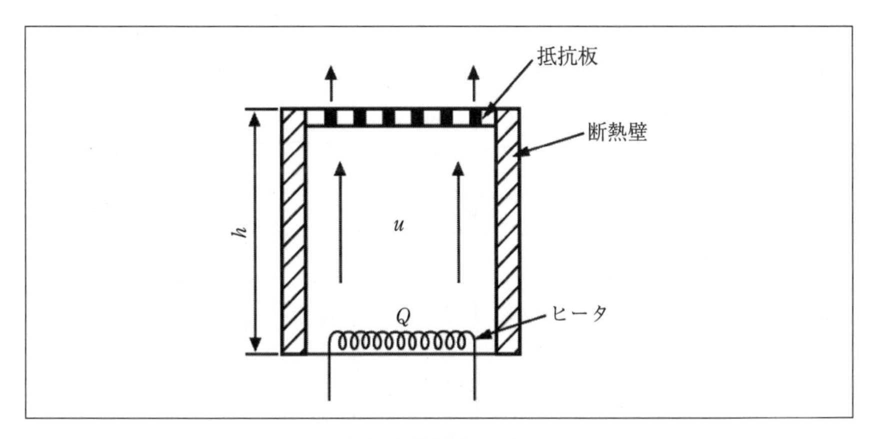

〔図5〕通気口モデル

4—1　解析

図5のような通気口モデルを考える。有限管路の下端にヒータがあり、側面は断熱され、上端に抵抗板が設置されている。

図5で定常と一様温度分布を仮定して、エネルギ式はc_pを定圧比熱、Aをダクト面積とすると、

$$Q = pc_p Au\Delta T \quad \cdots\cdots (6)$$

また、管路内空気と周囲空気との密度差による駆動力と流体抵抗力との釣り合いから次式が導ける。

$$\left(\rho_\infty - \rho\right)gh = K\frac{\rho u^2}{2} \quad \cdots\cdots (7)$$

この式の左辺は圧力損失であり、右辺の係数Kは式（5）の抵抗係数Kと同等である。そしてダクトの内外での圧力差を無視すると

$$\frac{\left(\rho_\infty - \rho\right)}{\rho} = \frac{\Delta T}{T_\infty} \quad \cdots\cdots (8)$$

となる。

そして式(6)～式(8)より

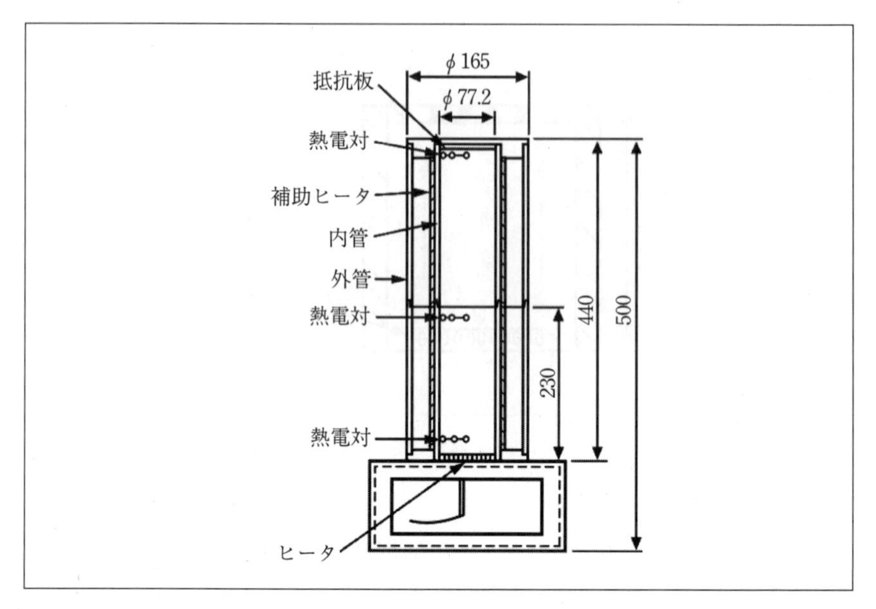

〔図6〕実験装置

$$K=\frac{2gh\Delta T^{3}}{\left(T_{\infty}\left(\frac{\rho c_{p}A}{Q}\right)^{2}\right)} \qquad \cdots\cdots(9)$$

と求まる。こうするとρとc_pは温度の関数なので、温度と発熱を測定すれば抵抗係数が求まる。実際の抵抗体の抵抗係数は、式(9)のKの値がヒータや壁面摩擦などの抵抗分も含むため、図5の系の抵抗体を除いた場合の抵抗係数を式(9)からあらかじめReの関数として求めておき、その値を抵抗体を除かない場合の式(9)の値から差し引いて下記のように求める。

$$K=K\,(系全体)-K_{o} \qquad \cdots\cdots(10)$$

4―2　実験装置

具体的な実験装置を図6に示している。二重管の内管の下端に渦巻き状のシースヒータを置き、内管の上端に評価すべき抵抗板を置く。内管の断熱壁をつくるために内管の外側に補助ヒータとして細長ヒータを巻き付けてあり、内部温度と壁のそれとが等しくなるように工夫されている。そして、ダクト高さとヒータの形状も、内部の一様な温度分布と速度分布を達成するように決められている。

5．圧力損失の種類

圧力損失については、電子機器の熱設計に応用できるデータは極めて少ないが、そのいくつかは定式化あるいはグラフ化されているので紹介する。そして、電子機器に応用する場合には、流速がたかだか5m/s程度のもので、Re数が極めて小さいものが有用である。

5―1　壁面摩擦

この損失は比較的小さいので無視されることもあるが、表面積が大きいときは無視できない。ダクトの壁面摩擦を考えると、圧力損失ΔPと$\rho u^2/2$との関係は、

$$\Delta P = \lambda \frac{L}{D} \frac{1}{2} \rho u^2 \quad \cdots\cdots (11)$$

で整理されている。ここで、λは壁面摩擦係数（friction factor）と呼ばれ、Lはダクト長、Dはダクト内径である。流れが層流の場合、

$$\lambda = \frac{64}{Re} \quad \cdots\cdots (12)$$

となる。ただし、$Re = \frac{uD}{\nu}$ である。
そして、$2000<Re<10^5$に対しては、

$$\lambda = \frac{0.3134}{Re^{\frac{1}{4}}} \quad \cdots\cdots (13)$$

となる。ここで、断面が円形以外でも式(13)と同様に整理されている。

5―2　入口形状

表1に示すように、入口の形状によって、圧力損失が異なる。ここで係数Kは、

$$\Delta P = K \frac{1}{2} \rho u^2 \quad \cdots\cdots (14)$$

〔表１〕入口形状の損失

流入口の種類	名称	抵抗係数 K
	ダクトのみの流入口	0.93
	フランジン付の ダクト流入口	0.49
	丸みのついた流入口	0.04
	突き出した流入口	2.70

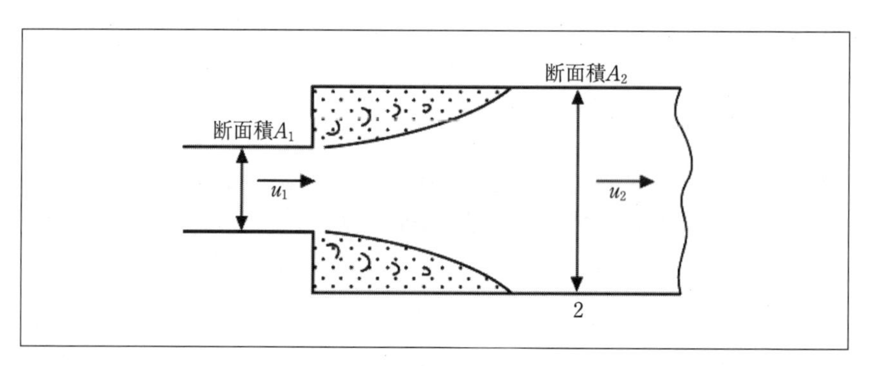

〔図７〕急拡大

で示し、代表速度はダクト内の平均流速になっている。入口に丸みをつけると、1オーダ損失が小さくなる。

5―3　断面積変化

(1)　急拡大

図７に示すように、管の断面積がA_1からA_2に増加する場合、ここを通過する流れの損失は次のように表せる。

$$\Delta P = K\rho u_1^{\ 2}/2 \qquad \cdots\cdots (15)$$
$$K = \left(1 - A_1/A_2\right)^2$$

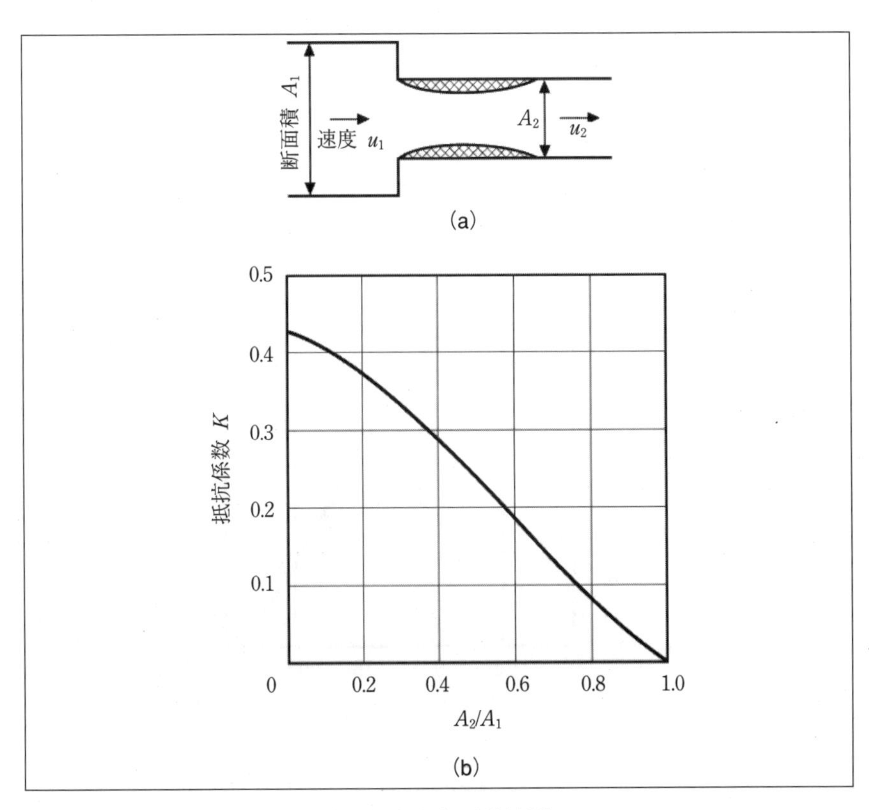

〔図 8〕急縮小と抵抗係数

(2) 急縮小

図 8 (a) に示すように、今度は管の断面積がA_1からA_2に縮小する場合、

$$\Delta P = K \cdot \rho \cdot u_2^2 / 2$$

ここを通過する流れの損失は図 8 (b) のように表せる。

(3) オリフィス

図 9 (a) のようにオリフィスを通る流れは、電子機器の中でもよく出現する。これは断面積が急に狭くなった後、急にまた広がることに特徴がある。この場合には、

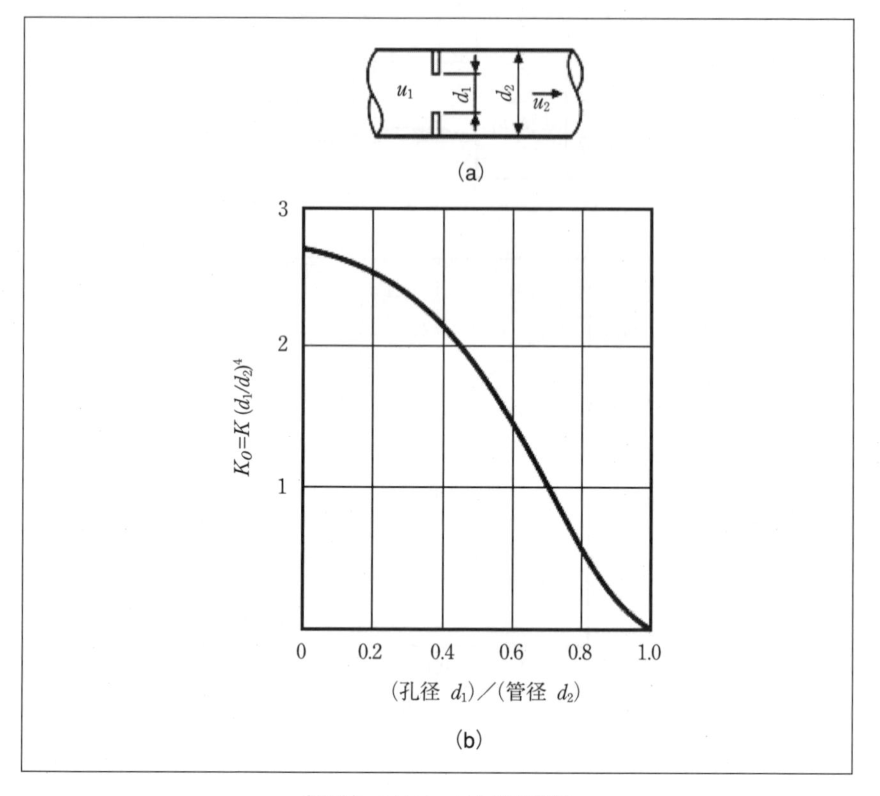

〔図９〕オリフィスと抵抗係数

$$\Delta P = K \cdot \rho \cdot u_2^2 / 2$$

として図９(b)に示す抵抗係数の値となる。

(4) プリント基板列

電子機器の中で、主抵抗を占めるのがプリント基板列による圧力損失である。ここで再び管路の摩擦抵抗の式を利用すると、流路長さをL、流路等価直径をDとすれば、損失は一般に、

$$\Delta P = f \frac{L}{D} \frac{1}{2} \rho u^x \qquad (16)$$

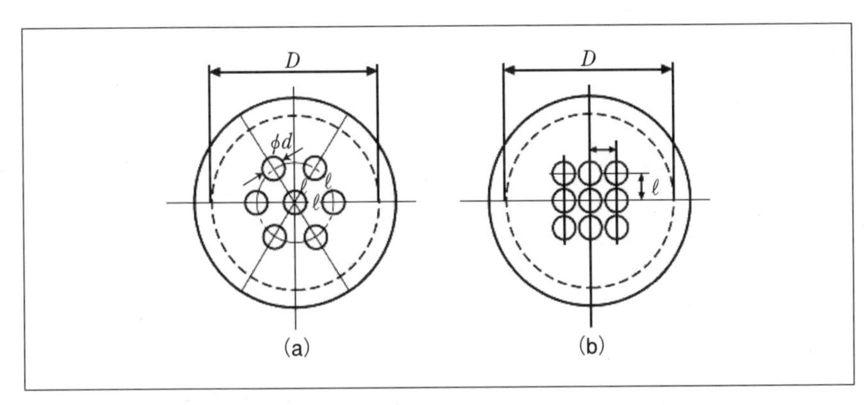

〔図10〕多孔板

として表される。ここでx=2、f=λとすれば式(11) となる。

ここで　層流の場合（Re<2100）x=1

　　　　乱流の場合（Re>4000）x=2

となる。ところがその間は遷移域であり、電子機器のなかではこの遷移域が多い。よって電子機器のなかではx=1.8～2.0をよく採用する。

ここで大事なことは、圧力損失は層流の場合、流速に比例し、乱流の場合は流速の２乗に比例するということである。このことは、熱伝達は乱流の方が層流のよりも良いが、圧力損失は乱流の方がはるかに大きくなるということを意味している。このことは電子機器の熱設計においては頭に入れておいたほうが良い情報である。

(5) 多孔板

図10に示すような多孔板を通過する流れで、Re数が小さい場合は、多孔板の孔径をd、厚みをtとし、多孔板の開口比をβとすれば、t/d=0.5の時、

$$K_{0.5} = 40\left\{Re\frac{\beta^2}{(1-\beta)}\right\}^{-0.65} , \quad Re < 100 \quad \text{......(17a)}$$

と表される。ただし、$Re = \dfrac{ud}{\nu}$ である。

またこの時のKの値を$K_{0.5}$とすれば、

$$K / K_{0.5} = 0.33\frac{t}{d} + 0.82 \quad \text{......(17b)}$$

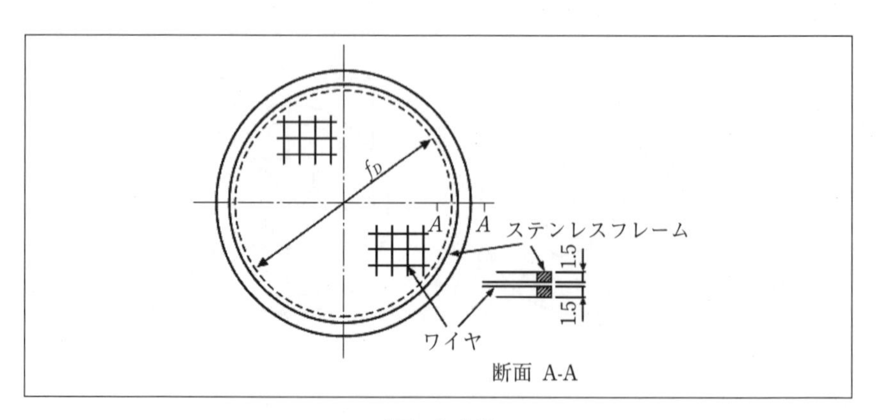

〔図11〕 金網

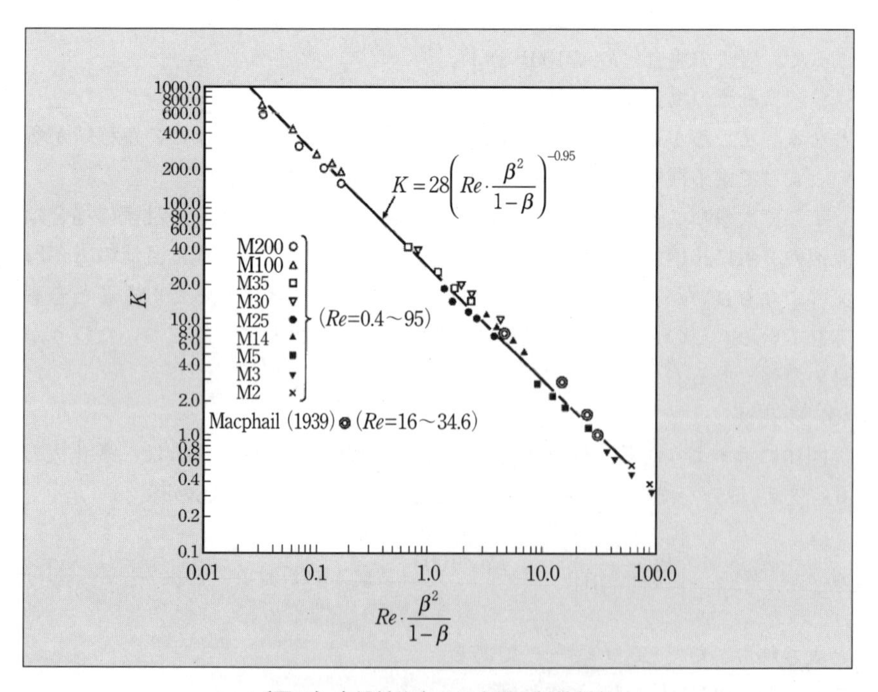

〔図12〕 自然対流中での金網の抵抗係数

となる。また$Re \geq 100$の時は、

$$K = 2.5\frac{(1-\beta)}{\beta^2} \quad \cdots\cdots (17c)$$

で近似できる。

(6) 金網

図11に示すような金網を通過する流れで、Re数が小さい場合は、金網の線径をdとし、金網の開口比をβとすれば、図12に示すように

$$K = 28\left\{Re\frac{\beta^2}{(1-\beta)}\right\}^{-0.95}, \quad Re < 100 \quad \cdots\cdots (18a)$$

と表される。ただし、Re数：$Re=u \cdot d/\nu$（dは線径、νは空気の動粘度である）となる。また$Re \geqq 100$の時は、

$$K = 0.85\frac{(1-\beta)}{\beta^2} \quad \cdots\cdots (18b)$$

で近似できる。

8　熱伝導解析と応用例

1．はじめに

電子機器の性能は年々高くなっている。処理能力向上に伴う発熱量増加により、熱的な検討は機器実現のための重要な設計項目になってきている。そこで、最近では増加している消費電力に対応するために、筐体内部の熱的な抵抗を低減すると同時に筐体表面の温度分布の制御も重要な熱設計項目になりつつある。さらに、新機種開発の時間が短縮しているため熱設計を短時間で行う必要もある。従来行っていた試作による放熱構造評価に代わり、数値解析を用いたシミュレーションが問題解決の手段として期待されている[1)]。ここでは、サブノートパソコンの熱伝導解析を設計に応用した例を紹介する。

2．ノートパソコンの熱伝導解析

従来から、機器の熱設計はLSIパッケージ基板、筐体といったようなパッケージングレベルにおいて仮定された境界条件を使用して個々に行われ、各レベルでの実装仕様が決定されていた。各パッケージングレベルの設計者あるいは製造者が異なることが多いのも機器のパッケージングレベルを貫通する設計が行われにくいことの原因であるが、シリコンチップからケーシングまでを統一して扱う手法が確立していないことも影響している。例えばノートPCの場合、機器寸法が数cmから数十cmの大きさであるのに対し、部品は1mm以下の細かい構造を持つため、機器全体の熱解析を行う場合、解析領域に比較して非常に小さな寸法オーダの構造を持つ対象を扱わなければならない。単純に機器構造を数値モデルに変換すると計算量が大きくなり、現実的な計算量で実際の設計に使用可能な解析を行うことが難しくなるため、計算量を減らすことは非常に重要である。

機器の種類は限定されるが、チップからケーシングまでのパッケージングを連続して扱いうる解析手法を開発したのでここに報告する。対象は実装密度が高く、携帯可能な程度に小さい電子機器である。

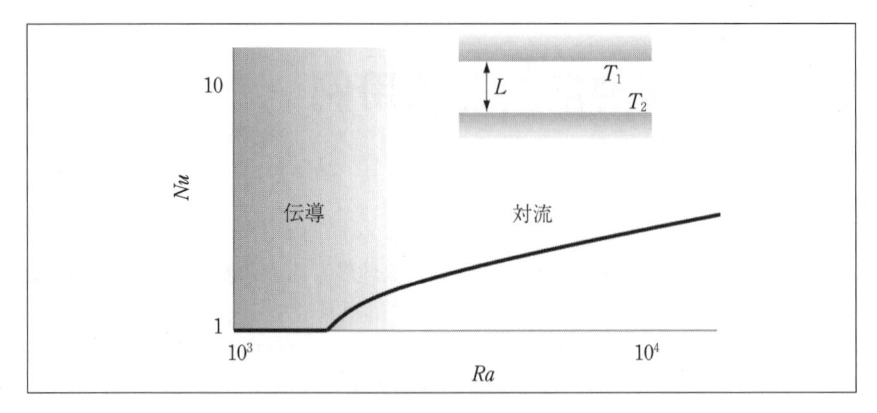

〔図１〕水平流体層の熱伝達特性[2)]

2－1　モデル化の手法[3)]

2－1－1　伝熱モードの限定

図１は水平流体層の熱伝達特性を表す。X軸は壁面間距離Lを代表長としたレーリ数Ra、Y軸はヌッセルト数Nuである。

$$Ra = Gr\ Pr \qquad (1)$$

$$Gr = g\beta(T_1 - T_2)L^3 / \nu^2 \qquad (2)$$

$$Nu = \frac{\alpha L}{\lambda_{air}} \qquad (3)$$

ただし、T_1、T_2は二壁面の温度、αは壁面間温度差と壁面間の熱伝達量により定義した熱伝達率である。g、β、ν、Pr、λ_{air}は重力加速度、体積膨張率、動粘度、プラントル数、流体の熱伝導率である。

レーリ数が小さいとき、流体内の温度分布に起因する浮力よりも流体の粘性が支配的になるため、壁面間において対流は発生せず、熱の移動は伝導支配になるため、ヌッセルト数は定数１をとる。

小型電子機器では部品間の隙間が極力小さくなるような設計を行う。例えば、複数枚の基板を持つノートPCの基板間隙間は5～10mm程度で、部品間の伝熱に関わるレーリ数は温度差が30K程度であると300～600程度となりレーリ数の臨界値よりも小さい。

レーリ数が大きく、自然対流が発生する場合においても対流が発生する領域が限定されていれば対流の影響を含んだ等価な熱伝達率αを使用することにより、数値解析の上で熱伝導問題として扱うことができる。

$$\alpha = \alpha_{air} Nu \quad \text{(4)}$$

物体間の伝熱は放射によっても行われる。平行な二平面間の熱放射において、壁面間距離が面の広がりに対して十分小さいと見なされるとき、すなわち、形態係数が1と見なせるとき、平面間の熱の移動量Qは伝導と放射の和として表現できる。

$$Q = A\left(\frac{\lambda}{L}\left(T_1 - T_2\right) + \sigma f_{12}\left(T_1^{\,4} - T_2^{\,4}\right)\right) \quad \text{(5)}$$

$$f_{12} = \frac{1}{1/\varepsilon_1 + 1/\varepsilon_2 - 1} \quad \text{(6)}$$

ε_1、ε_2は二壁面の放射率、σはステファン・ボルツマン定数である。

熱放射による熱の移動は温度の4乗に依存する。次式のように壁面に垂直な方向の実効的な熱伝導率λ_{ef}を用いて温度の1乗の差の形式で放射を扱えれば計算上便利である。

$$Q = \frac{A\lambda_{ef}}{L}\left(T_1 - T_2\right) \quad \text{(7)}$$

式(5)、式(7)よりλ_{ef}は以下のように求められる。

$$\lambda_{ef} = \lambda + \sigma f_{12} L\left(T_1 + T_2\right)\left(T_1^{\,2} + T_2^{\,2}\right) \quad \text{(8)}$$

この式を用いて壁面間の空気の熱伝導率を決定すれば放射の影響を考慮することができる。

T_1とT_2は絶対温度であり、常温の環境で使用される機器では例えば壁面温度差が30K程度のときでもT_1とT_2の差は10%で、近似的にT_1、T_2を適当なT_1とT_2の中間の値T_3に置き換えても誤差は小さい。

$$\lambda_{ef} = \lambda + 4\sigma f_{12} L T_3^4 \quad \text{(9)}$$

式(9)において、ギャップLが小さいときには熱放射よりも熱伝導が支配的となり、放射は距離が長い場合にλ_{ef}に対して影響力をもつ。しかし、距離が大

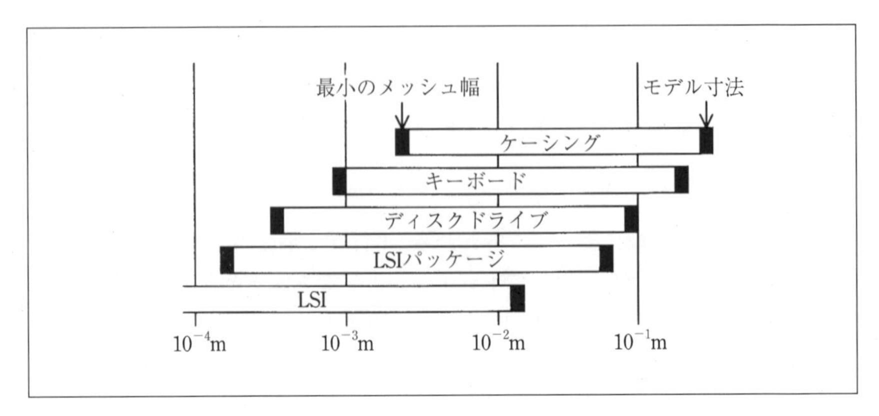

〔図２〕熱伝導解析に必要と考えられる最小メッシュ間隔[3)]

きいとき壁面間を移動する熱量は小さく、しかも、固体部に比較して空気の熱伝導率は非常に小さいため、解析の結果に与える放射の影響は小さい。本稿ではT_3を筐体内の平均的な温度310Kと仮定したが、放射を無視しても解析の結果として得られる温度はほとんど変わらない場合が多い。空気の熱伝導率は、温度300Kでの値（0.026W/mK）を基準としたとき温度に対して指数関数的な変化を仮定し、

$$\lambda_{air} = \lambda_{air(T=300\mathrm{K})}\left(\frac{T}{300}\right)^{0.75} \quad \cdots\cdots (10)$$

とした。この式は300～1000K程度の間で4％程度の誤差を持つ。実際の部品の測定にもとづき放射率は、金属面：0.1、その他の部品面：0.9を使用した。

以上のように筐体内部の伝熱を熱伝導として扱うことにより、熱流体解析に比較して計算に要求される計算機能力を小さくすることができる。

２—２　解析の階層化[3)]

図２にノートPCに使用される主要部品の外寸と、部品の熱伝導解析に必要と考えられる最小メッシュ間隔を示す。例えばケーシングは外寸が300mm程度あるが、厚みは2mm程度であり、形状を表現するには最小2mm間隔のメッシュを用いなければならない。LSIパッケージの解析ではシリコンチップ内部の構造を無視し、ダイ形状のみをモデル化する場合においても、部分的に50μm程度のメッシュの細かさが必要で、これはケーシング外寸に対して４桁ほど小

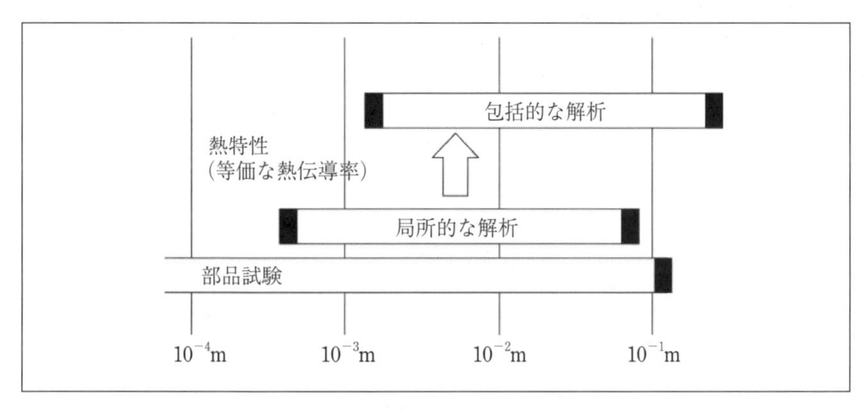

〔図 3〕熱伝導解析の階層化

さい。

PCの全部品を網羅する数値モデルを作成するためには、物体中の細かな構造をもつ部分に細かなメッシュを使用しなければならない。細かな構造を持つ部品の周辺ではメッシュ間隔を小さくし、他の部分を粗くモデル化することにより計算量を小さくすることが可能であるが、電子機器は部品がケーシング内部に分散して置かれるためPC全域を一括して解析しようとすると、メッシュ数は非常に大きくなる。

そのため、図3に示すように解析を分割する。細かな構造については細かなメッシュを使用するせまい領域を扱う数値モデルにより詳細に解析し、より広い領域を対象とする粗いメッシュの解析に細かな構造の集合体としての熱特性を導入する。細かな構造から粗い構造に向かう方向を下位から上位と呼ぶと、上位の数値モデルは一段下位の計算結果および実験結果を等価な熱伝導率・熱伝達率として使用する。反対に、下位の数値モデルは上位の計算により得られた温度分布を境界条件とすることによって上位の計算から得られない詳細な温度分布を計算する。

本報での解析は二段、下位から上位へ向かう方向のみである。ディスクドライブ等の部品を個々に扱い、部品モデルから得られたマクロな熱伝導率と熱伝達率を機器全体の数値モデルに使用した。疎密のあるメッシュを用い、温度上昇の評価を必要とするCPU付近を詳細にモデル化することにより上位から下位への温度分布情報の引渡しを省いた。

2―3　せまい領域の解析

2―3―1　ディスクドライブ・バッテリーパック

図4～図6にFDD、HDD、バッテリーパックの数値モデルを示す。ディスクドライブの場合、ユニットに挿入されたディスクが回転している場合には厳密には円周方向の実質的な熱伝導率は定常計算では非常に高いと見なせるが、簡略化のためディスクは停止したモデルとした。ここでは上位レベルの解析において、部品は均質な物質でできた単純なブロックと見なし、単純なブロックとしての熱伝導率は図7に示すように部品の各軸方向に熱を通過させ、数値的に

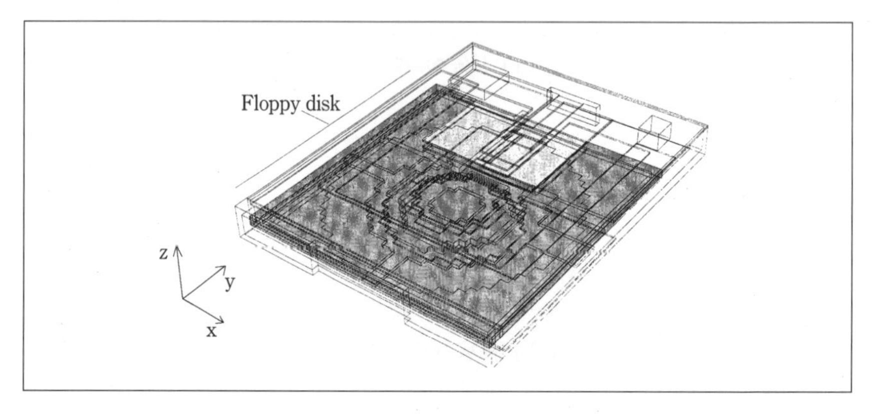

〔図4〕FDDの数値モデル

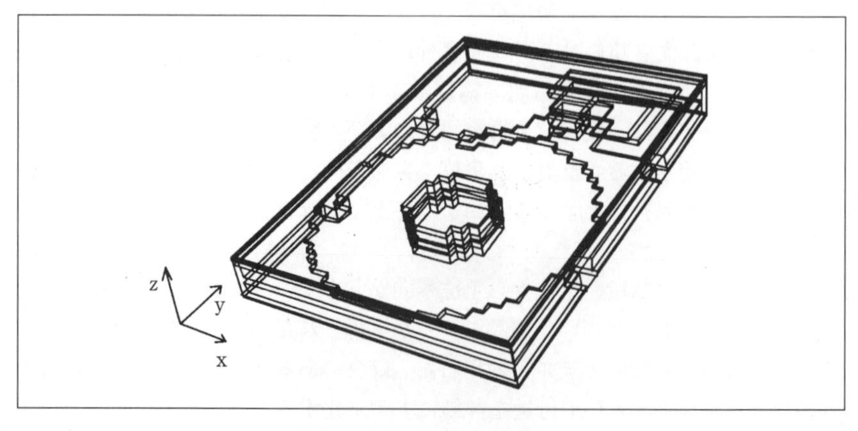

〔図5〕HDDの数値モデル

測定する。

2－3－2　キーボード

キーボードはアルミニウム製のシールド板が付属するガラスエポキシ基板をベースとして、上面に多数の樹脂製キートップ付スイッチが取り付けられている。キーの細かな構造を無視し、キーボードをベース部分とベース表面に与えられるキー列の影響を含む熱伝達率に置き換え、筐体モデルに使用する。図8にモデル化手法と等価な熱伝達率の測定方法を示す。キーボード裏に面状のヒータを張り付け、加熱する。ベース板表面の平均温度とキーボードから上方向

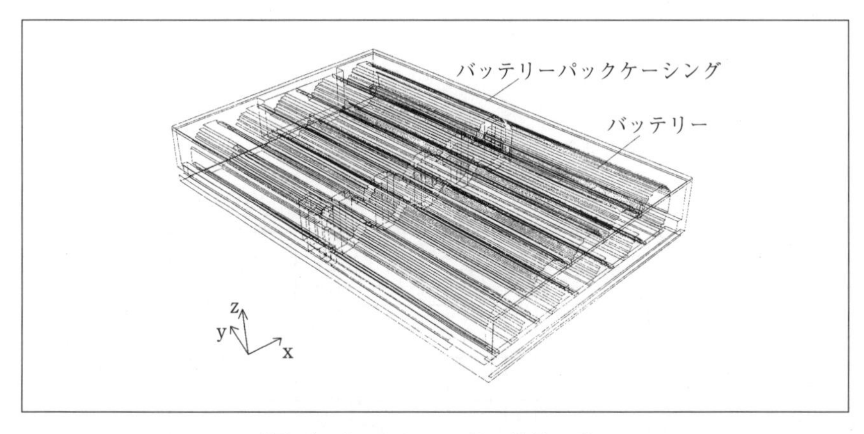

〔図6〕バッテリーパックの数値モデル

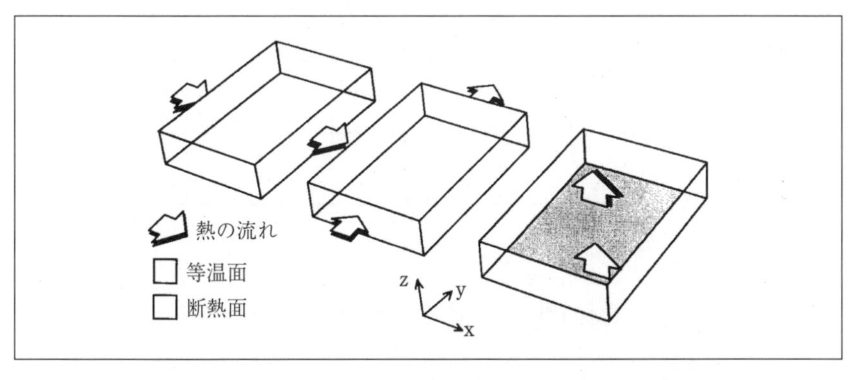

〔図7〕単純なブロックとしての熱伝導率の数値的な測定

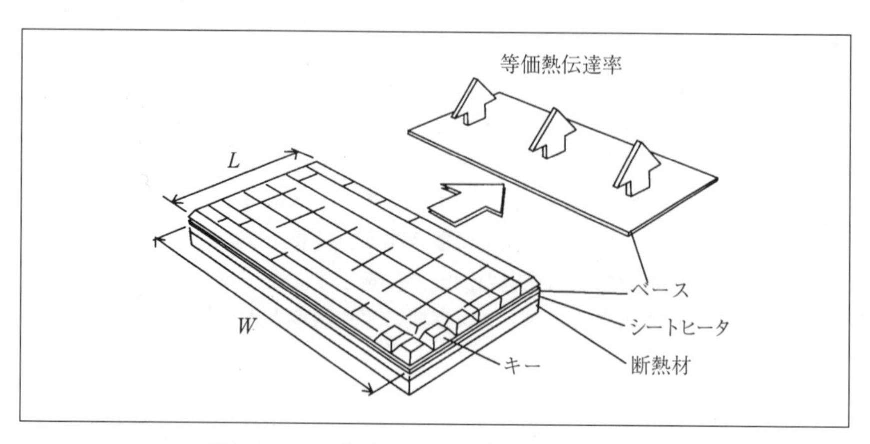

〔図８〕モデル化手法と等価な熱伝達率の測定方法

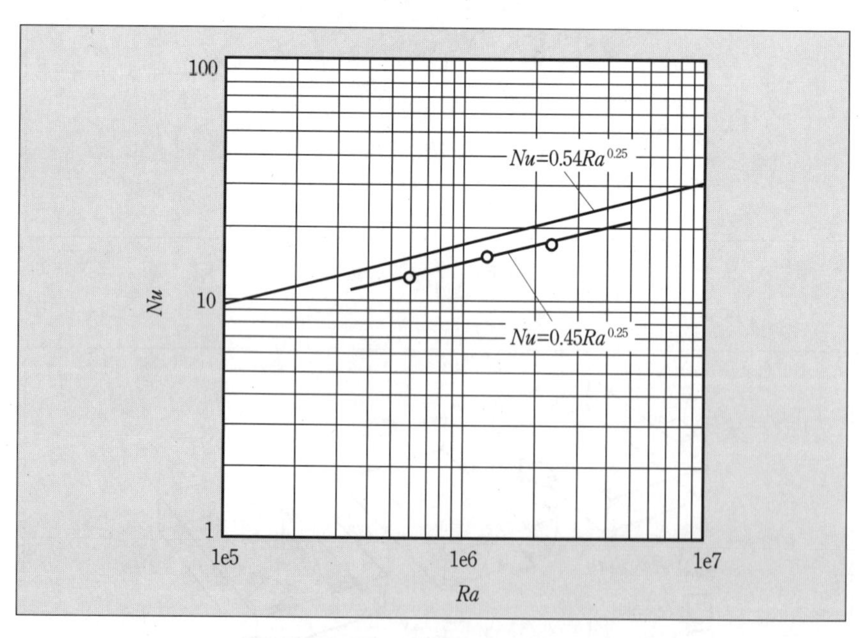

〔図９〕キーボードの熱伝達率の測定結果

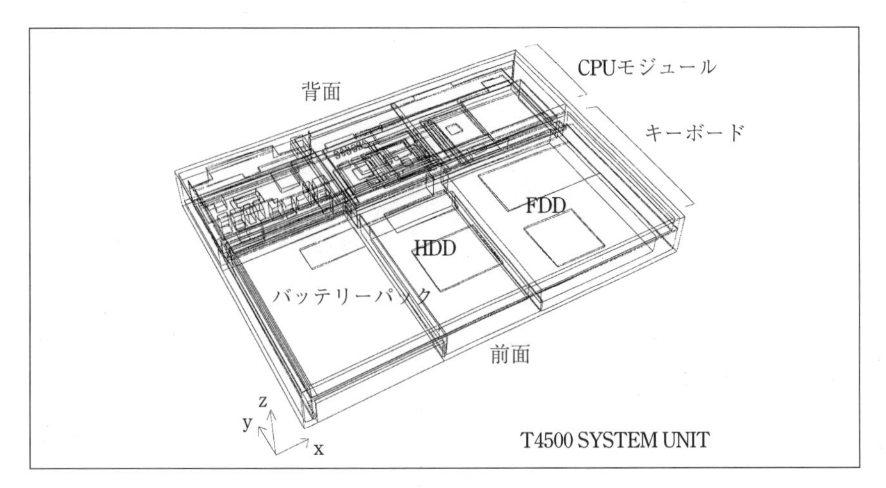

〔図10〕筐体のモデル（メッシュ数：121×49×35）

に発散する熱量より、熱伝達率を求めた。キーボード裏への熱の逃げはヒータ裏に取り付けた断熱材表裏の温度差より求めている。

打鍵しない状態での測定結果を図９に示す。横軸はキーボードの短辺長Lを代表長とするレーリ数、縦軸はヌッセルト数である。○印は測定結果で、図中上側の実線は上向き平板の典型的な自然対流熱伝達を示す。キーボードからの放熱は上向き平板の自然対流熱伝達よりも20%程度低い。これは、キーの大部分が熱伝導率の低い樹脂で構成されているため、拡大伝熱面ではなくベースからの自然対流を妨げる物体として働いていると考えられる。

２－３－３　配線基板

PCBはガラスエポキシを材料とする絶縁層と銅箔により作成された配線層による多層構造の板である。配線は数十μm幅であり、数値モデルのこれらをすべて含ませることが難しいため、実験により、水平方向の熱伝導率を実験的に求め、筐体全体の解析では均質な材料の板と見なした。

２－４　筐体全体の解析

図10に筐体のモデルを示す。メッシュ数は207,515（121×49×35)。図11に示すようにCPUモジュール付近は細かくメッシュを切りパッケージ形状など細かな構造を模擬しているが、筐体手前側の部分は粗いメッシュを使用し、個別の計算・実験で得られたディスクドライブ等のマクロな熱特性を導入した。

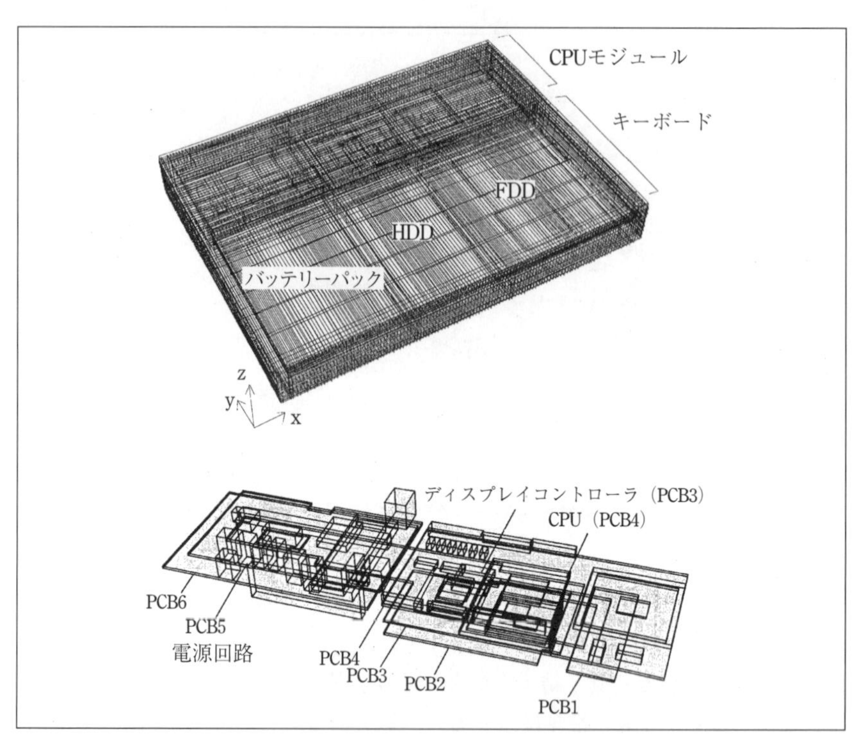

〔図11〕メッシュの構成

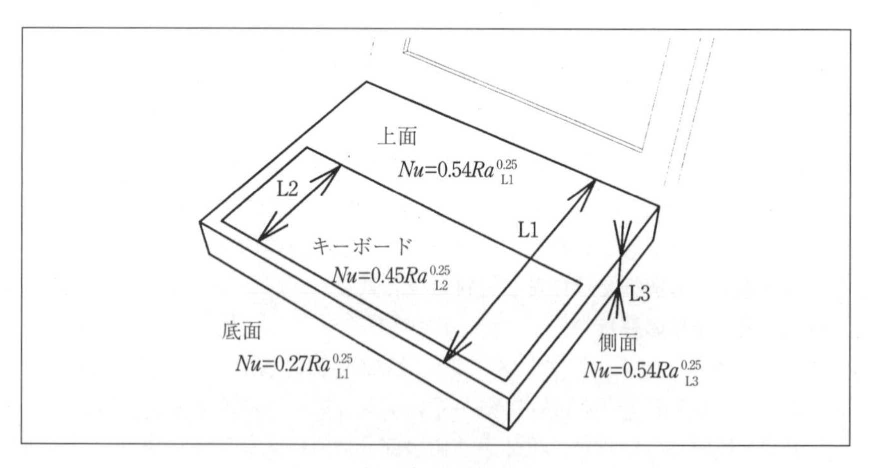

〔図12〕境界条件

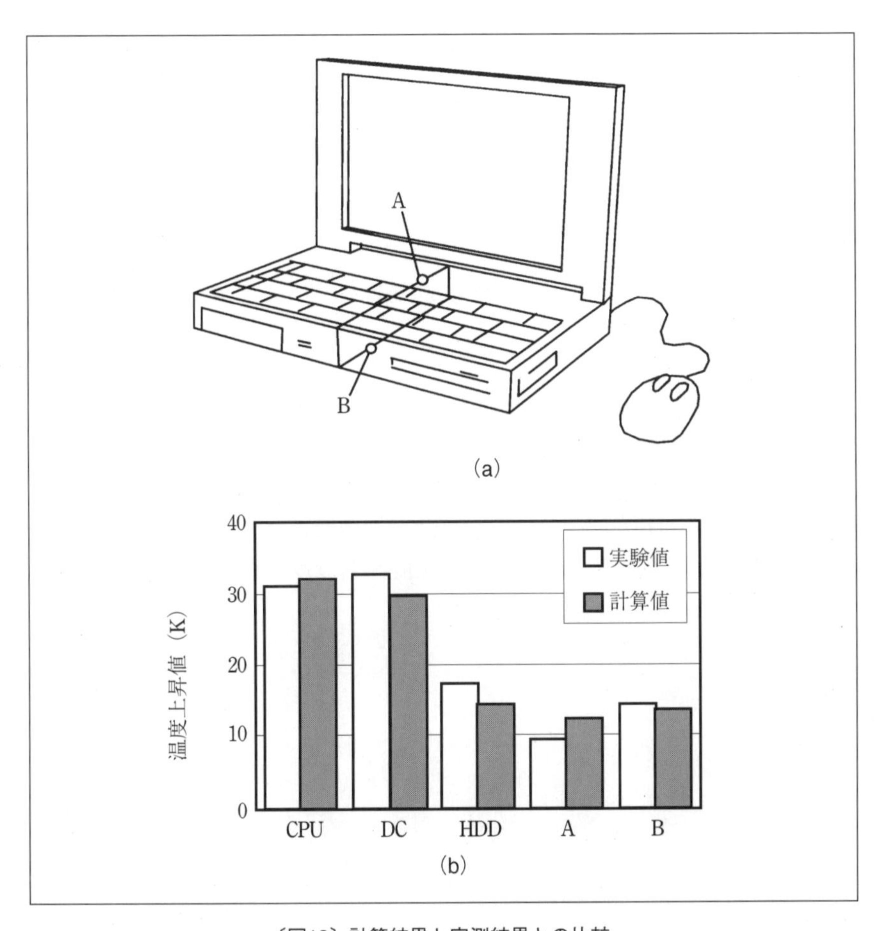

〔図13〕計算結果と実測結果との比較

境界条件を図12に示す。キーボードには実験により求めた熱伝達率を与え、他の筐体表面には典型的な平板の層流自然対流熱伝達を与えた。レーリ数に含まれる固体表面温度は各面の平均温度を使用し、環境温度は300Kとした。

◇キーボード　：$Nu=0.45Ra^{0.25}$

◇筐体底面　　：$Nu=0.27Ra^{0.25}$

◇その他の面　：$Nu=0.54Ra^{0.25}$

ディスプレイの発熱に起因する空気の流れによる筐体表面の熱伝達への影響

は無視した。

2—5　結果

結果を図13に示す。動作条件はCPUとディスプレイコントローラは最大稼動、FDDは待機、HDDはディスクは回転しているがデータ入出力のない状態、他の部品はティピカルとされる発熱量とした。CPUとディスプレイコントローラ（図中DC）はパッケージ上面中央、HDDは底面中央、A、Bは図13（b）に示す筐体表面温度である。計算時間は50MIPSのEWSを使用して約40分。

3．まとめ

小型電子機器内部の部品間の空間がせまいために自然対流が発生しにくいことを利用し、熱伝導計算で機器全体を扱う熱解析手法を紹介した。

計算量を少なくするために、ディスクドライブ等、ユニットとして扱いやすい部品は均質なブロックとして扱ったときのマクロな熱伝導率を筐体全域の計算とは分離している。この手法は市販のCFD解析ソフトを用いて数値計算する場合でも有効な手法である。

9　節点法解析と応用例

1．まえがき

最近の電子機器は小型化・高速化傾向のため発熱密度がきわめて大きくなっている。この傾向は大小の計算機をはじめ、情報機器や通信機器などあらゆる機器に及んでいる。その結果、あらかじめ温度対策を考えておかないと電子機器内部の温度は上昇することになり、ICチップやコンデンサなどの許容温度の低い要素部品が破壊する危険が生じてくる。そのために温度対策を含めた電子機器の熱設計が重要となっている[1)]。そしてこの熱設計も、最近発達が目覚ましい各種計算機を用いたCAE（Computer Aided Engineering）の考えを利用すると便利である。しかしながら、本格的な熱設計へのCAEの取り組みは比較的遅れている。これは電子機器内部の熱伝達自身の現象も複雑ながら、その境界条件となる流れが複雑であるからである。つまり、電子機器内部の流熱解析を実用的にまで解くにはまだまだ現状のCFD解析ソフトとパーソナル計算機を用いても厳しい話なのである。

そこで電子機器の熱設計にCAEを用いる場合の合理的な方法が要求される。ここでは、流れ場も温度場もある領域をひとつの節点（lump model）に置き換えて解析する方法があるので紹介する[1)]。

2．流体節点法

このように、現段階では実用の電子機器に対して完全な流熱の数値解析を行うのは無理のようであるが、はじめから流体抵抗係数や熱伝達率に実験値を使おうとするのが主旨ならば、別の方法も考えられる。ここではそのことを考察してみよう。

2―1　節点場

図1に示すような電子機器筐体の流れ場が流れの可視化技術や汎用ソフトによって大雑把にわかったとする。図中の矢印が空気の流れを表す。そこでその流路を分割する。つまり圧力場の代表点（節点）を数点選び、その点どうしを流路抵抗で連結する。この流路抵抗は電子部品などで発熱源ともなっている。

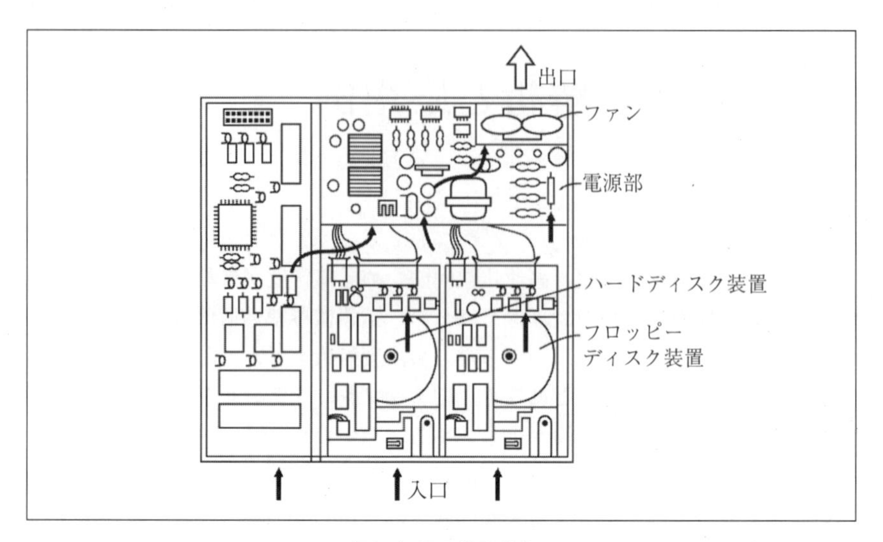

〔図１〕電子機器筐体

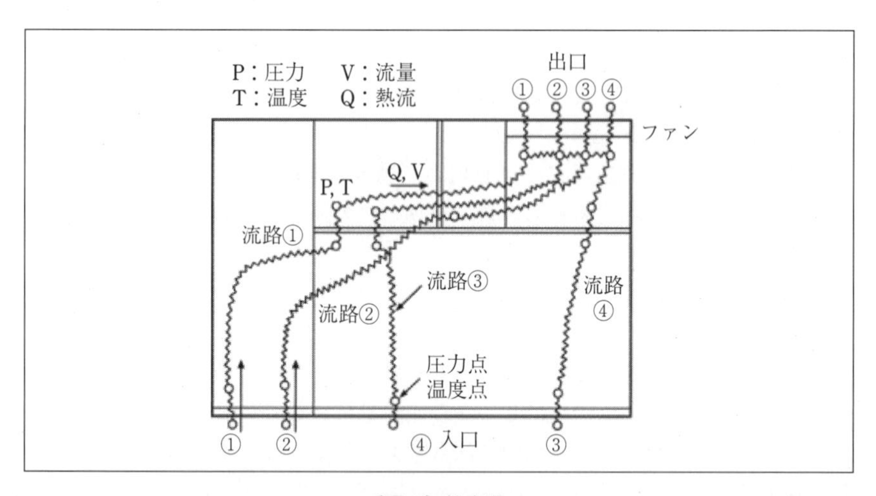

〔図２〕節点場

いま節点の選び方は自由であるが、図２のような節点場を考えた。ここで節点は圧力場を表しており、節点と節点を結ぶ線はある流体抵抗を有する流路を表す。節点間の圧力差をΔP、流路内を流れる空気の流速をu、流体抵抗係数をKとすれば、流体抵抗係数Kの定義式として

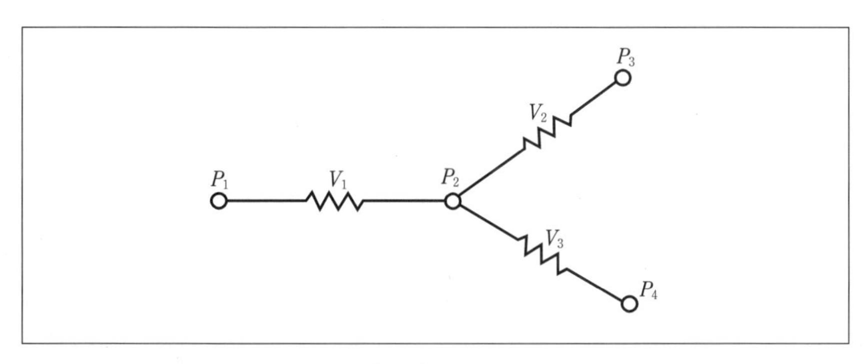

〔図３〕圧力場

$$\Delta P = K\frac{\rho u^2}{2} \quad \cdots\cdots(1)$$

と表せる。ここでρは空気の密度である。

２―２　具体的な解法

ここで具体的な解法を示す。いま図３のような圧力場を考える。圧力点をP_1、P_2、P_3、P_4とする。そして空気がP_1からP_2まで流量V_1で流れており、P_2からP_3まで流量V_2で流れているとする。そして、V_i（i=1, 2, 3）が流れる流路の面積をそれぞれA_i（i=1, 2, 3）とすると、各流路の流速u_iは

$$u_i = \frac{V_i}{A_i} \quad (\mathrm{i}=1,2,3) \quad \cdots\cdots(2)$$

となる。そして各流路の流体抵抗係数をそれぞれK_i（i=1, 2, 3）とすると、いま密度変化を無視してP_2点での流量保存則から

$$V_1 = V_2 + V_3 \quad \cdots\cdots(3)$$

が成り立つ。ここで密度変化を無視しているのは、電子機器内の空気の温度上昇はせいぜい20℃程度に押さえられるので、物性値の温度による影響は小さいとしている。

そして各流路に対して式(2)が成り立つ。具体的には、

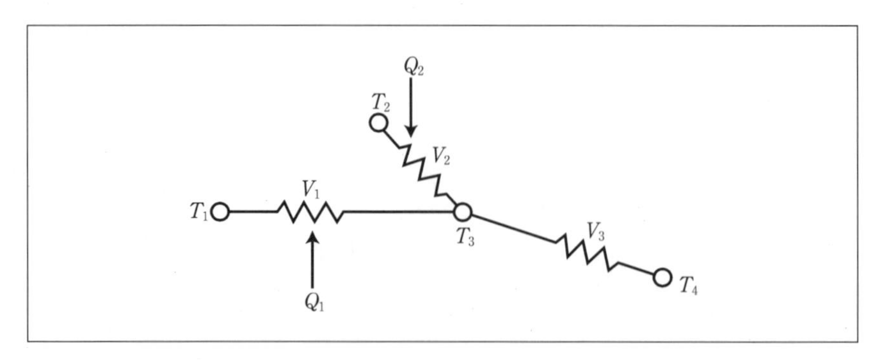

〔図４〕冷却空気の温度場

$$P_1 - P_2 = K_1 \frac{\rho u_1^2}{2}$$

$$P_2 - P_3 = K_2 \frac{\rho u_2^2}{2} \quad \cdots\cdots (4)$$

$$P_2 - P_4 = K_3 \frac{\rho u_3^2}{2}$$

となる。ここで、K_iの値から与えられ、境界条件も定まると、式(3)と式(4)から、圧力P_iと流量V_i（i=1, 2, 3）を求めることができる。つまり、各流路の流体抵抗に応じて、流量の配分が定まることになる。

次に、冷却空気の温度場を考えてみよう。いま圧力点Pが温度点Tを兼ねるとする。例えば図４に示すような温度場があるとする。この図４で、温度点T_3でのエンタルピーの出入量を考えると、c_pを空気の定圧比熱とし、温度点T_1とT_2から、エンタルピーの合計$\rho \cdot c_p$（$V_1 \cdot T_1 + V_2 \cdot T_2$）が流入し、さらに流路$V_1$と$V_2$でそれぞれ$Q_1$と$Q_2$の発熱があるとすれば、温度点$T_3$でのエンタルピーの混合がある。

$$\rho c_p (V_1 T_1 + V_2 T_2) + Q_1 + Q_2 = \rho c_p (V_1 + V_2) T_3 \quad \cdots\cdots (5)$$

ここで式(3)と同様に物性値の温度による影響は無視している。この関係がすべての節点に対して成立する。よって境界条件（出入口条件）を決めれば、連立方程式系が解ける。つまり、各温度点の空気温度が求まる。つぎに素子表面温度を求める場合には、図５で示すように、素子からの発熱Qの内Q_1が上方の

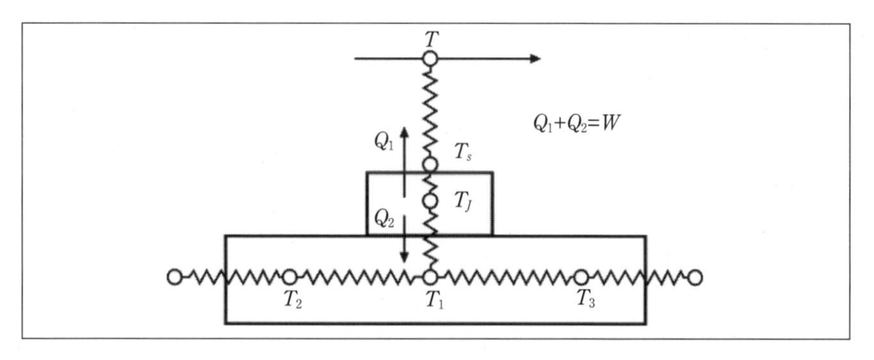

〔図５〕熱回路

空気に放熱されるものとすると式(2)から流速uが各流路について求まっているので、素子表面と空気流との熱伝達率αを概算できる。

ΔT_sを温度上昇は素子からの発熱をQ、素子の表面積をSとして、

$$\Delta T_s = Q_1 / (\alpha S) \quad \cdots\cdots (6)$$

となるから、素子表面T_sは空気流の温度をTとすれば

$$T_s = T + \Delta T_s \quad \cdots\cdots (7)$$

と求まる。図５でQ_1とQ_2を求めようとすれば、熱の連立方程式を解くことになるこの定式化は簡単で、例えば温度点T_Jでの熱流の保存式はT_JでQの発熱があるから

$$Q = Q_1 + Q_2 \quad \cdots\cdots (8)$$

となる。この関係式はどの節点でも同様に成り立つ。そしていま温度点TとT_sの間、T_sとT_Jの間、そしてT_JとT_1の間の熱抵抗をそれぞれR_1、R_2、R_3としてそこを流れる熱流をQ_1、Q_2、Q_3とすれば、電気回路のオームの法則が成り立つから

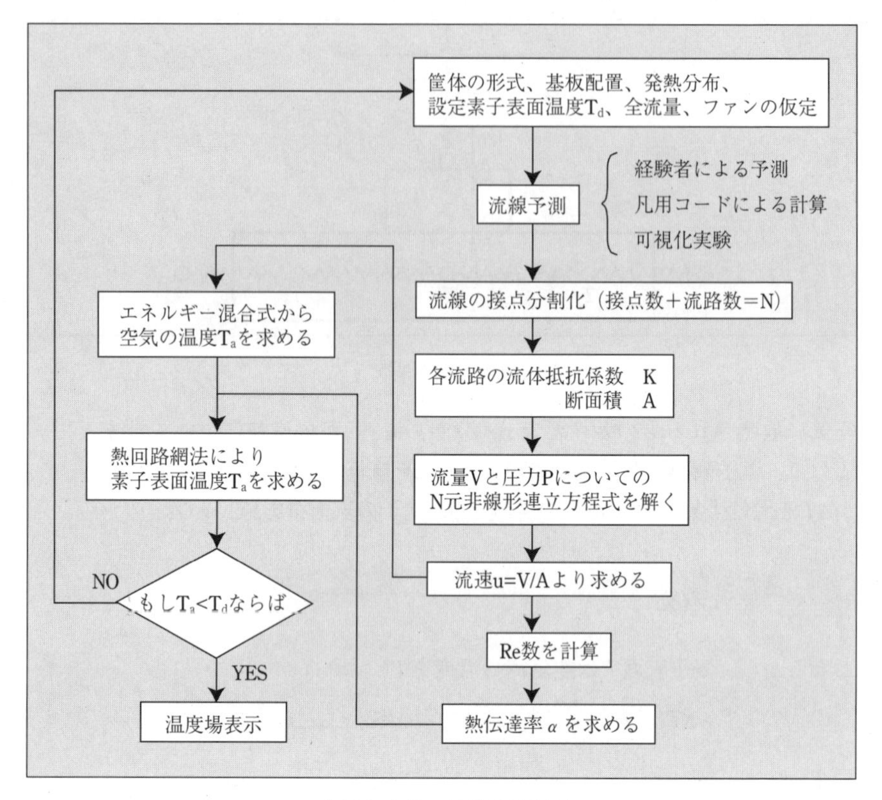

〔図６〕全体の計算の流れ図

$$T_s - T_1 = R_1 Q_1$$
$$T_J - T_s = R_2 Q_2 \quad \cdots\cdots (9)$$
$$T_J - T_1 = R_3 Q_3$$

が成り立つ。ただし式(9)でQ_1=Q_2である。たとえば、熱抵抗R_1は、熱伝達率α、放熱面積をSとすれば、

$$R_1 = 1/(\alpha S) \quad \cdots\cdots (10)$$

である。

以上述べた全体の計算を流れ図で表したのが、図６である。

つぎに、電子機器の熱設計への流体節点法の応用について２例ほど述べてみ

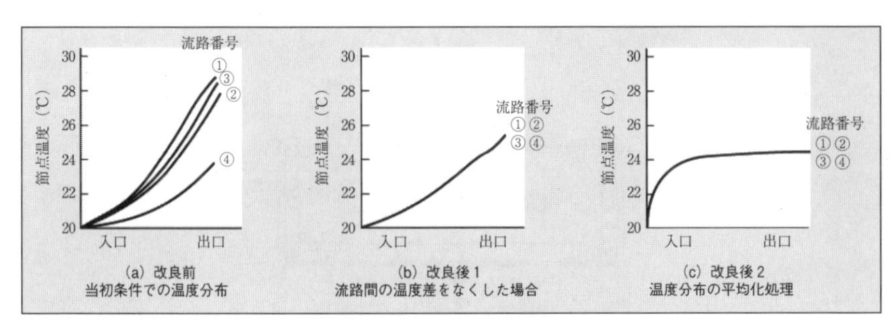

〔図７〕解析を用いた温度分布の改良

る。

3．電子機器内の流れ場と最適設計

図１に示した電子機器の流れ場は流れの可視化によって向かって手前から空気を吸い込んで最後部右のファンから外に吐き出していることが確認されたので、図２のような節点場が考えられたわけであるが、次に節点と節点とを結ぶ流路の流体抵抗係数を決めることになる。ここではわかりやすくするため、各流路には、1Wの発熱があり、その流体抵抗係数の値はK=1とする。そして境界条件としては全体の流量を与えるか、全体の圧力損失を与えるかを選べるが、ここでは全体の圧力損失ΔP=45Paとする。ここでもし実験の温度データがある時は、各流路に発熱量と流体抵抗係数の初期値を与えて、空気温度を出し、その温度と温度データとが合理的に一致するように流体抵抗係数を調整することになる。具体的には、温度が高いところは流体抵抗係数を小さくして空気流量を大きくし、温度が低いところはその逆をする。しかし、流路面積は定かではなく特定するのが難しい。そこで速度分布の測定データがある場合には流路面積を流体抵抗係数の操作と同様にして調整することもできる。そして先の条件で計算した結果が図７(a) である。図７(a) では、入口から出口までの４本の流路のうち４番目の流路は他の流路に比べて全体の流体抵抗が小さく、空気が良く流れるので、温度上昇は低く押さえられている。するとこの電子機器を改良する手立てとして、発熱の大きな部品や流体抵抗の大きな部品を４番目の流路に他の流路から移動させて、この４本の流路の温度が１本化されるのが望ましい気がする。これにより計算上で１本化したのが、図７(b) である。ただし、

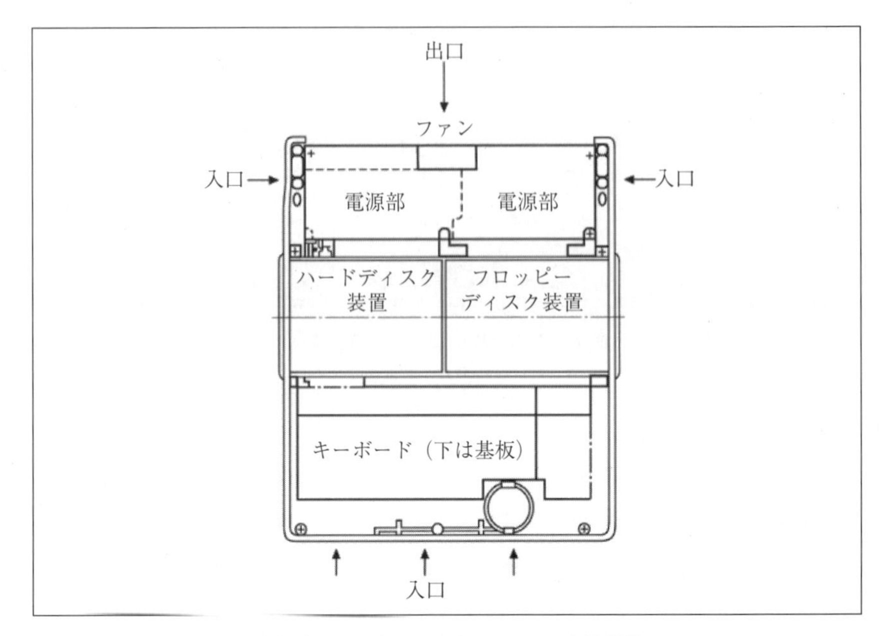

〔図８〕ラップトップ型パソコンの本体構造

温度の最適を考えると、すべての温度分布が平均化されるように処理することが望ましい。すると発熱体を入り口付近に移動させて、図７(c) のようにするのが得策である。ただし、これは現実的には難しいので、場合ごとに最適化を考えるべきである。これも電子機器の熱設計にCAEを用いる一つの手段であろう。

４．ラップトップ型パソコンの熱設計への応用例

つぎに、ラップトップ型パソコンの熱設計への応用例を示す。

４—１　パソコン内の流れ

図８には今回応用したラップトップ型パソコンのディスプレイを除く、本体構造を示している。実際には、基板上、電源部はLSIパッケージやコンデンサ、電気抵抗が複雑に入り組んでいるので、解析するのにかなりのモデル化を必要とする。しかし、高さが低いのが特徴なので、筐体内部の流れは３次元よりも２次元に近い流れとなっている。そこで、次にパソコン内の流れを節点で分割

〔図９〕ラップトップ型パソコンの流れの可視化の様子

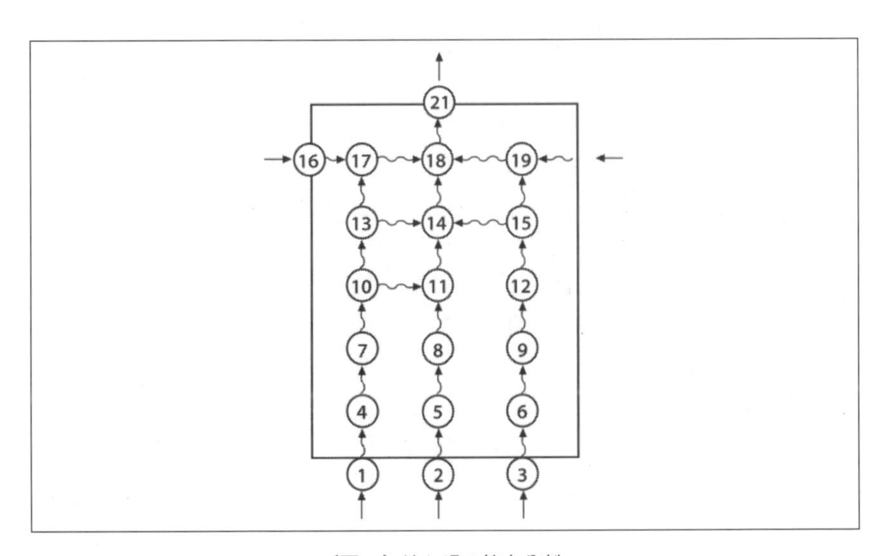

〔図10〕流れ場の節点分割

するわけであるが、そのために、筐体内部の流れの可視化を実施した。その様子を図９で示している。筐体の流れを煙を用いた可視化実験により確認し、最終的にパソコン内の流れを図10に示すように節点で分割した。

4―2　シミュレーション例

そこでまず、図11で示すように当初内部の温度が非均一であった改良前の空

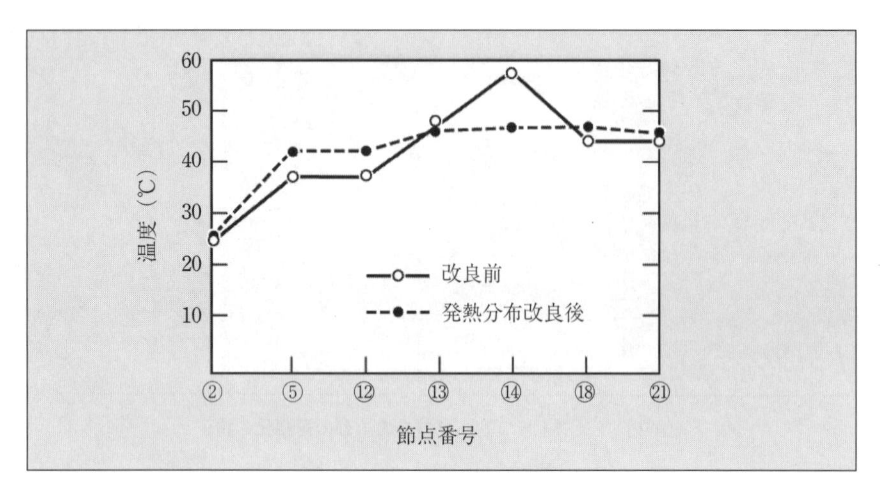

〔図11〕内部空気の温度分布シミュレーション

気の温度分布をシミュレーションした。この際、すべての流体抵抗係数Kを得ることは難しいので、最終的には、測定した温度分布に合わせる形で流体抵抗係数Kを決めたものもある。そして空気の温度分布をシミュレーションした後に、いま決めた流体抵抗係数Kを使って発熱体の配置（発熱分布）を変えた結果をシミュレーションした結果が、図11の「改良後」である。ここでは、最高温度を押さえるために、筐体全体の発熱量は変えずに部品配置の変更による発熱体の配置（発熱分布）を変えて、内部の温度を均一にした例を示している。この例では最高温度を押さえるために、温度分布の平均化にCAEを用いたものだが、このことはちょっとした装置の変更で可能である。また、実験をして最適値を捜すよりははるかに簡便な方法である。

5．複写機の熱設計への応用例

5—1　複写機の熱設計の要点

複写機の熱設計の要点は次の二つである。第一は、ヒートローラやトランスの熱による、ドラムの温度上昇を防止すること。第二は、キャリッジのランプの熱放射による原稿台ガラスの温度上昇を防止することである。この冷却にはファンを用いているが、原稿台ガラス面とドラムの周囲に、冷却空気を効率よく供給することが重要となっている。しかし、内部構造の複雑さ、可動部の存

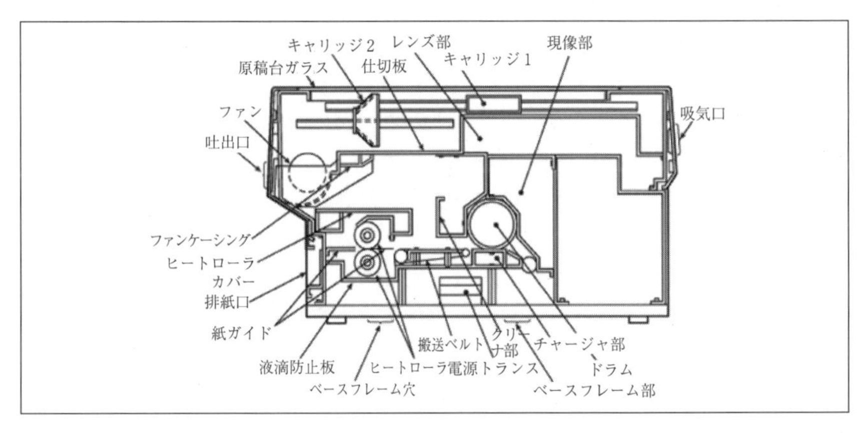

〔図12〕複写機のモデル筐体

在、紙の給排口などのため、筐体内部の流れは非常に複雑であり、正確な流れの把握が難しいのが現状である。

そこで、複写機の内部流れを把握するため複写機の主要部を模擬した可視化の実験装置を製作して可視化し、今後の複写機の熱設計を行うための重要な資料を得た。しかしながら、複写機の内部の構造を変更し、流れの流路が変わった場合、ドラムや原稿台ガラスの温度にどのように影響するかを調べるためには、その都度可視化の実験装置を製作して可視化したり、温度測定実験を行わなければならず、開発時間やコストに大きく影響するのが必至である。このようなことから、ここでは、節点法を用いた簡易形の流熱解析ソフトを用い、可視化の実験装置による可視化結果、温度測定結果とこの節点法を用いた複写機の流熱解析モデルとの比較を行った例を紹介する。

5―2　構造と原理

図12に複写機のモデル筐体を示す。このモデル筐体は実際の複写機をもとに冷却空気が流れるのに必要な点を考慮して作製したため、細かな機構部、光学部についてはすべて省いてある。大きさは、高さ350mm、横660mm、奥行き360mmである。ファンユニットは実機の部品をそのまま使用した。ただし、モータは2極ACモータを用いた。ドラムはアクリルにて作製し固定した。ドラム回りにあるクリーナ部、現像部、チャージャその他部品は、鉄板にてモデル化し、流れに大きな影響を及ぼさないように考慮し作製した。搬送ベルトも固

定した。ヒートローラには、ラバーヒータを全面に巻き、貼り付け加熱できるようにした。レフト、ライト外カバーは実物をそのまま利用した。

吸気口として設けたところは、ライト外カバーの吸気口、排紙口、ベースフレーム穴（穴直径10mm×18個、場所は実機と同じ）の３か所とした。排気口として設けたところは、ファンによって吐き出されるレフト外カバーの吐出口とした。

可視化するため透明にしたところは、原稿台、フロント面、仕切板、クリーナ部、ヒートローラカバーである。可視化法は、流動パラフィンによる煙法にて行った。

５―３　解法

節点法を用いた流熱解析ソフトの考え方は、流れ場と温度場を別々に考え、後でこの二つを何らかの伝熱形態で接続するようにしたものである。最初に流れ場を考えると、まずある領域を圧力場として考える。この節点は、任意に設定できる。ここでファンがどこかの節点にあると仮定すると、節点と節点にはこのファンによって圧力差が生じる、圧力差が生じれば、節点間に流れが生じる。これを各節点で解いていくと圧力や流速などが求まる。次に、温度場も同じように考えると、ある領域を温度場の節点とし、初期熱量によって温度差が生じる。温度差が生じれば温度の節点間に熱の流れが起こることになり温度や熱量が求まる。そしてさらに、流れの節点と温度の節点間の熱のやり取りを考えるわけであるが、ここで流れはすでに求まっているため、温度場周辺の境界条件がわかっていることになり、これによって温度場と流れ場の熱のやり取りを求めることができる。

５―４　可視化技術

図13にレディー状態の流れの可視化を示す。原稿台側の流れを見ると、ライト外カバーから入った流れは、キャリッジ１に衝突するまで直進する。このキャリッジ１を通り過ぎた直後、キャリッジ２側が急広がりとなるため流れが遅くなり、レンズ部の前で大きな渦が作られる。しかもファンが原稿台よりも下にあるため、原稿台を沿った流れにならず、ファンがある下側へ吸い込まれるような流れになる。ドラム近房の流れは、排紙口とベースフレームの穴から入り込んだ流れにより形成される。ベースフレームから入った流れは、搬送ベルトとチャージ部の隙間を通りドラム面に沿って流れる。排紙口から入った流れは、ヒートローラの両側面を通過する流れ、下ローラと液滴防止板の間を流れ、

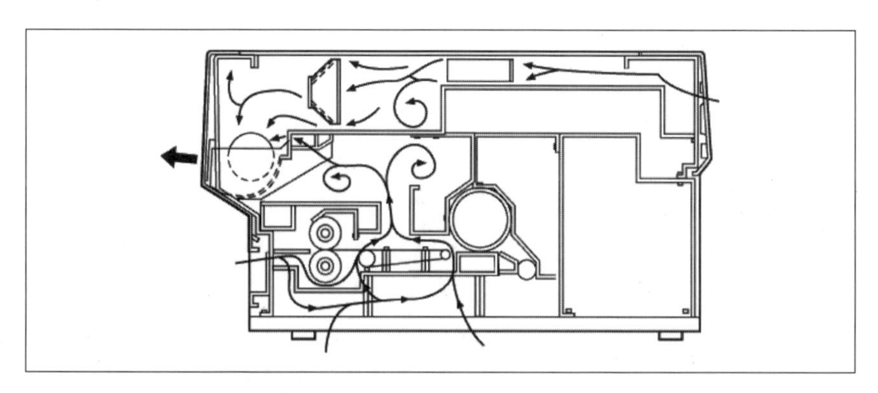

〔図13〕レディー状態の流れの可視化

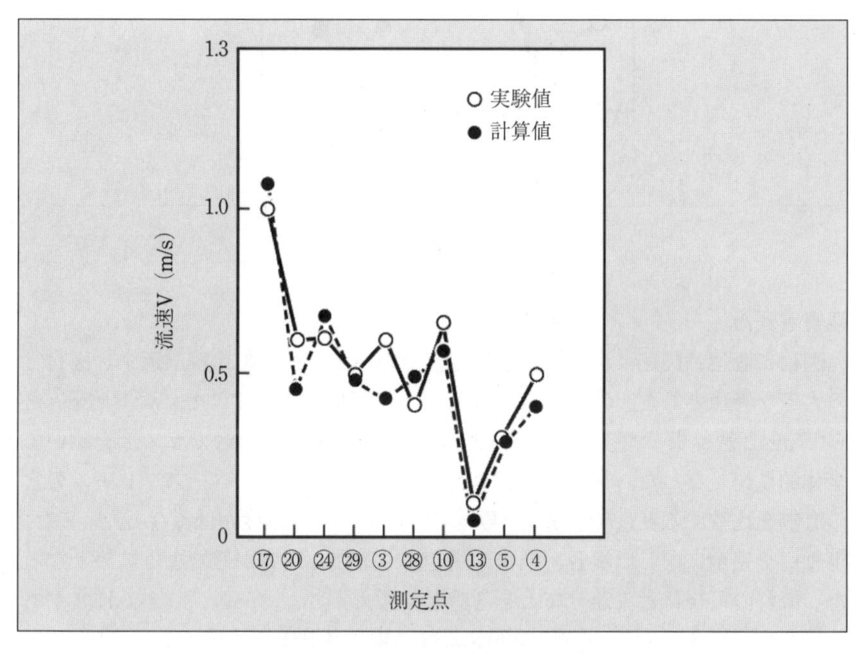

〔図14〕流速の主な測定点での比較

直接トランス部に流れる3通りの流れがある。トランス側に入った流れはベースフレームからの流れと合流する。これら流れはすべてクリーナ部の隙間を通りファンケーシング穴部を通ってファンから外に吐き出される。以上のように

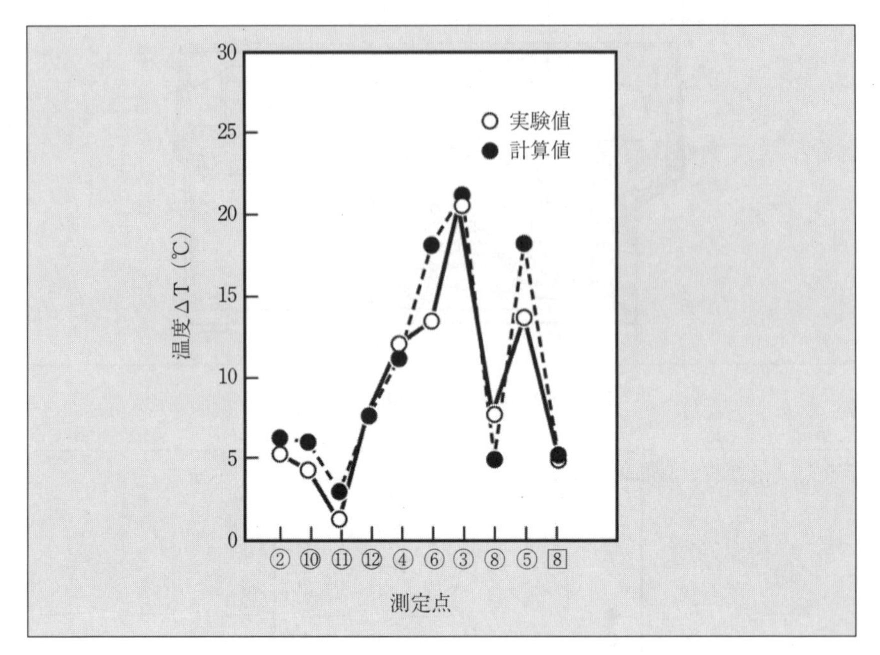

〔図15〕温度の主な測定点での比較

観察された。

図14に流速、図15に温度の主な測定点でのパラメータの比較を示す。図14での大きな特徴として、⑰の位置の流速が、排紙口をふさぐことにより0.2m/sから0.7m/sと速くなった。この条件ではほかの位置も、原稿台ガラス部を除いて全体的に速くなった。後出の図17での大きな特徴として、ベースフレームの穴の有無を比較すると、穴を設けた場合の方がドラムの温度が低くなった。また、排紙口を完全に閉じた場合、通常の場合よりも閉じた方が低くなる結果となった。流れの可視化と流速分布とを考慮して考えると、ベースフレームに穴がある場合は、通常、冷たい空気がドラム部に供給されるため低くなっているが、排紙口を閉じた場合は、ヒートローラ部を流れていた空気が遮断され、ベースフレームの穴の流量が多くなっていると考えられる。

5—5　解析モデル

図16に複写機の解析モデルを示す。各節点の設け方として、可視化結果から大まかな流路を見つけ、これに沿って節点を設けた。とくに、温度、流速測定

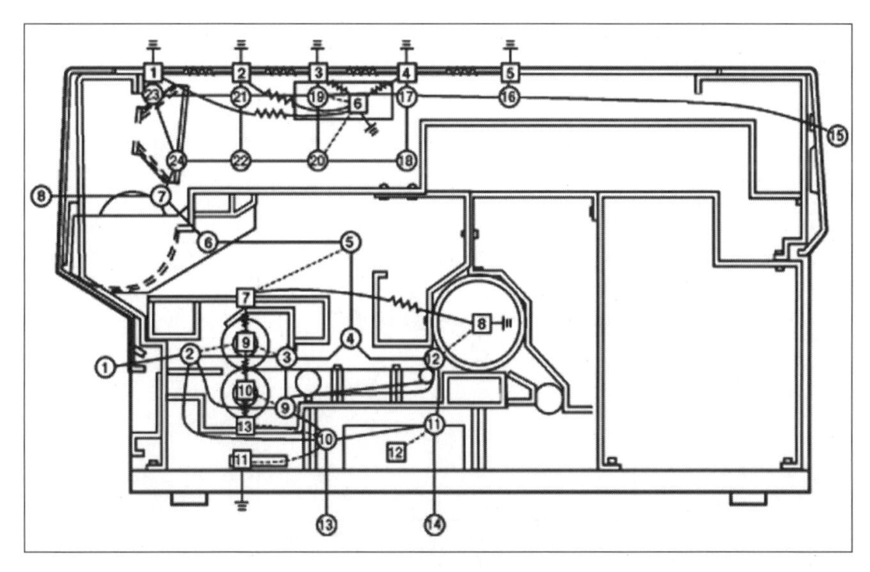

〔図16〕複写機の解析モデル

点と流れとが一致する点に設けるようにした。

この図で、○で囲まれた数字は流れ場の節点である。□で囲まれた数字は温度場の節点である。温度場と流れ場の接続位置は----線で示してある。温度の節点および、温度場と流れ場の接続位置は、複写機全体を考えると非常に複雑になるため、特に熱源が影響する点に注目して設けた。ここでは、ヒートローラ近傍やドラムと内部流れの熱のやりとりに注目した。

5—6　解析結果

境界条件は、可視化モデルで実機と同じ条件の実験結果に合わせた。図17に温度の実験結果と解析結果を比較した図を示す。ヒートローラの温度170℃一定とした場合の結果である。全体的に±3℃で良く一致している。ドラム温度は実験結果同様、ベースフレーム穴なし、ヒートローラから搬送ベルトへ行く流れをふさいだものは、温度が高く、排紙口をふさいだものは温度が低くなる傾向となった。ファンケーシングの面積を２倍にした場合は、3℃程低くなった。ファンケーシングの面積を1/2倍にした場合は、逆に3℃ほど高くなった。

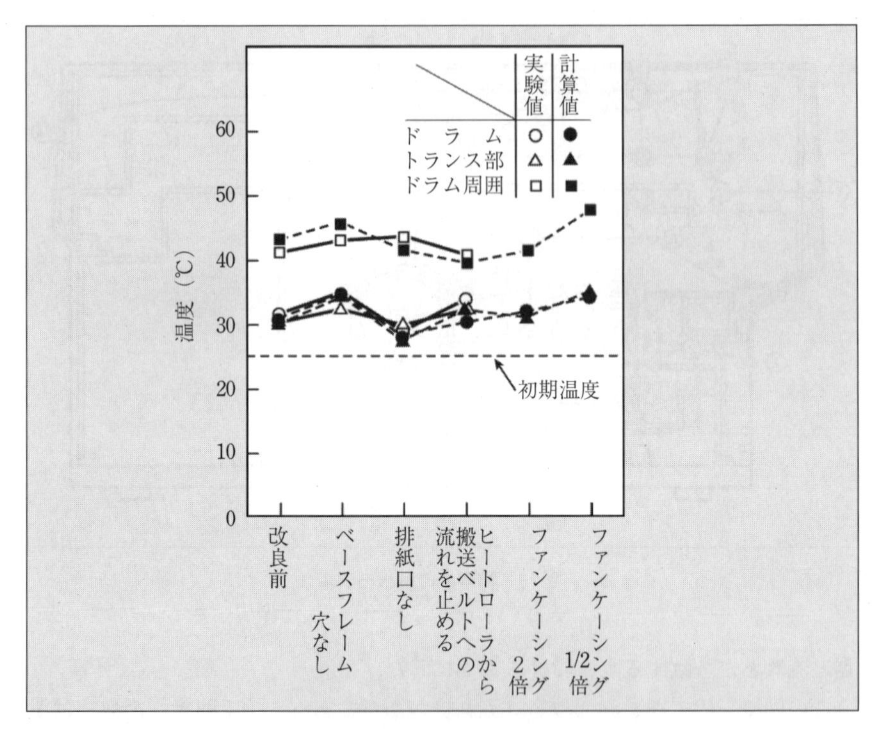

〔図17〕温度の実験結果と解析結果

6. おわりに

電子機器の熱設計に解析を用いる場合の合理的な方法のひとつとして節点法を紹介した。流れ場も温度場もある領域をひとつの節点（lump model）に置き換えて解析する方法であるが、実験値をうまく利用すれば、かなり実験に近い値を求めることができる。

10　熱回路網法による熱解析手法

1．はじめに

一般に、熱の流れを求めるために、汎用コードを用いることが多いが、そのほとんどは境界条件が線形のみとか熱伝導のみとかの制限をうけている 。しかし、電子素子やパッケージのまわりは、複雑な形状が多く一般的に解くのは難しい。また大形計算機を使う手法よりも机の上で気軽に、かつ即時に結果が出てきてこそ設計に役に立つともいえる。そこで、ここではパソコン上で気軽に熱解析が可能な手法で、電気回路と全く同じようにして熱回路を組んでモデル化して解く熱回路網法を紹介し、その解析事例を示す。

2．熱回路網法の要素

熱回路網法は熱抵抗と非定常の場合は熱容量とから成り立っている。そこでその各要素らを説明する[1)]。

2―1　熱抵抗

熱抵抗はその概念が電気の抵抗と同じでわかりやすいので、よく使われる。熱回路網法を理解するためにまず熱抵抗から述べることにする。

いま、温度差ΔTの間を熱流Qが流れているとすると、次式で定義されるRを熱抵抗という。

$$R=\frac{\Delta T}{Q} \quad \cdots\cdots (1)$$

ここで、各伝熱形態について熱抵抗を求めてみる。

2―1―1　熱伝導による熱抵抗

断面積A、長さLで温度差ΔTの物体の中を熱流Qが流れているとすれば、その物体の熱伝導率をλとして、

$$Q=\lambda\frac{A}{L}\Delta T \quad \cdots\cdots (2)$$

と表せるので、熱抵抗Rは、

$$R = \frac{L}{(\lambda A)} \quad \cdots\cdots (3)$$

となる。

2－1－2　対流熱伝達による熱抵抗

対流熱伝達に対しては、熱伝達率をαとすれば、その伝熱面積をAとして、

$$Q=\alpha A \Delta T \quad \cdots\cdots (4)$$

と書けるので、熱抵抗Rは

$$R = \frac{1}{(\alpha A)} \quad \cdots\cdots (5)$$

と表せる。

2－1－3　熱放射による熱抵抗

熱放射による伝熱量Qと二つの物体間の絶対温度T_1 (K)と絶対温度T_2 (K)との間には、

$$Q = \varepsilon \sigma A \left(T_1^4 - T_2^4\right) \quad \cdots\cdots (6)$$

の関係がある。ここで、αはステファン・ボルツマン常数、εとAは、それぞれ絶対温度T_1物体の放射率と放熱面積である。この場合、絶対温度T_2 (K)の物体として大気を考えている。放射伝熱の場合、物体間の位置関係で熱のやりとりが異なる。これを一般に形態係数というが、ここではその値を1.0としている。例えば、絶対温度T_2 (K)の物体が電磁波を完全に反射する鏡とすれば、その値は０となる。つまり、熱のやりとりがないということになる。逆にその値が1.0というのは、絶対温度T_1物体から出た電磁波が完全に絶対温度T_2 (K)の物体に吸収されることを意味する。

いま、式(6)で、$T_1－T_2=\Delta T$とすれば、

$$Q = \varepsilon \sigma A \left(T_1^2 + T_2^2\right)\left(T_1 + T_2\right)\Delta T$$

となるので、形式上、熱抵抗Rは、

$$R = 1 \Big/ \left(\varepsilon\sigma A\left(T_1^2 + T_2^2\right)\left(T_1 + T_2\right)\right) \quad \cdots\cdots (7)$$

となる。

2－1－4　合成熱抵抗

一般には、対流と放射が同時に存在する（宇宙では放射のみ）。いま対流と放射が同時に存在する場合の総伝熱量をQとし、温度差をΔTとすれば、式(4)・式(6)から

$$Q = \left\{\alpha A + \alpha\sigma A\left(T_1^2 + T_2^2\right)\left(T_1 + T_2\right)\right\}\Delta T \quad \cdots\cdots (8)$$

となって、合成熱抵抗Rは、

$$R = 1 \Big/ \left\{\alpha A + \varepsilon\sigma A\left(T_1^2 + T_2^2\right)\left(T_1 + T_2\right)\right\} \quad \cdots\cdots (9)$$

となる。ここで熱伝達率αも温度の関数であるから、熱抵抗は温度の関数となっている。熱伝導の式は一見温度には無関係にみえるが、物性値自体が温度の関数なので、厳密には熱抵抗はすべて温度の関数なのである。

2－1－5　熱コンダクタンス　U

熱抵抗の逆数として熱コンダクタンスUもよく使われる。

$$U = \frac{1}{R} \quad \cdots\cdots (10)$$

2－2　熱容量　C

熱回路網法で定常のみの扱いの場合は、熱抵抗のみでよいが、非定常を考えると、電気系の静電容量に対応して熱容量Cを定義する。

物体の定圧比熱c_pと質量をmとすれば、

$$C = mc_p \quad \cdots\cdots (11)$$

と表される。

3．熱回路網法の定式化

熱回路網法は対象にしている領域を有限な大きさの網の目に分割し、その代表点に節点を設け、各節点を熱抵抗で結び各節点について電気のキルヒホッフの式とオームの式を適用するものである。その方法は、図1で説明する。いま中心の温度点をT_0とし、T_1点から熱流Q_1がT_0点に流れ込み、そしてT_0点からT_2点とT_3点にそれぞれ熱流Q_2とQ_3が流れ去っている。そしてT_0点の熱容量をC_0とすれば、T_0点で、キルヒホッフの式は次式となる。

$$C_0 \frac{dT_0}{dt} = Q_1 - Q_2 - Q_3 \quad \cdots\cdots(12)$$

ここでtは時間を表す。そしてオームの式は、熱流Q_1、Q_2とQ_3が流れている熱抵抗をそれぞれR_1、R_2とR_3とすれば

$$\begin{aligned} T_1 - T_0 &= Q_1 R_1 \\ T_0 - T_2 &= Q_2 R_2 \quad \cdots\cdots(13) \\ T_0 - T_3 &- Q_3 R_3 \end{aligned}$$

が得られる。
ここで定常のみの扱いの場合は式(12)は

$$Q_1 = Q_2 + Q_3 \quad \cdots\cdots(14)$$

となる。この定式化を分割した温度点と熱抵抗の数だけ連立させれば良い。

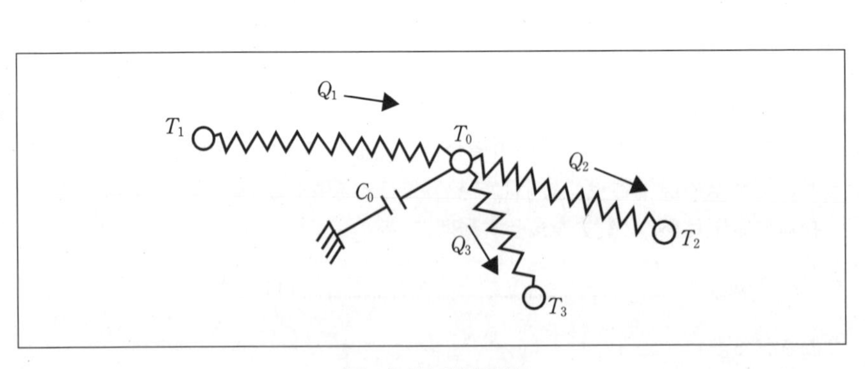

〔図1〕熱回路網要素

4．電球形蛍光ランプの熱設計

近年、点灯回路を発光管と一体化して電球口金付きのケース（以下、電源ケースと記す）に収容した電球形蛍光ランプが開発されている。これらのランプは白熱電球に比べて、高効率、長寿命という特徴を有するためにその代替光源として広く普及しつつあるが、その用途の拡大に伴い、より小形で高出力のものが要求されるようになってきた。これらの諸要求を熱的な観点から見た場合、小形化・高出力化に伴い放熱面積は減少し、供給電力は増加されるため、従来の電球形蛍光ランプに比べて単位放熱面積当りの発熱量はますます高くなる傾向にある。また一般に電球形蛍光ランプの電源ケース内には熱に弱い半導体部品などから構成される電子点灯回路が実装されていることから、今後これらのランプの開発に際しては熱設計が重要な要素となることは必至である。この場合、熱設計上の一手段として各条件変化に伴う温度、熱流などの変化が予想できる数式モデルが与えられればきわめて有用であると考えられる。現在、有限要素法等による熱解析用汎用プログラムが数多くあるが、これらのコードはいずれも入出力の取扱いが複雑であり、特に伝熱形態が複雑な電球型蛍光ランプの熱解析に適しているとは言いにくい。

そこでここでは、電球型蛍光ランプの熱解析に取り扱いが簡単な熱回路網方程式を用いたシミュレーションを行った例を紹介する[5)]。

4―1　電球形蛍光ランプの伝熱モデル

今回モデル化した電球形蛍光ランプの全体構造を図2に示す。同図において、口金と一体化された電源ケース内には電子点灯回路が収容されており、発光管はこの発光管から電源ケースへの熱流を遮断するための断熱基板を介して取り付けられている。次にこれらのランプにおいて考えられる伝熱形態を図3に示す。点灯方向は口金上向きと仮定した。ここで発光管の等価発熱量、すなわちランプ電力をQ_1(w)、点灯回路部で消費される熱量をQ_2(w)と仮定すると、この系における総発熱量Q(w)は次式で表される。

$$Q=Q_1+Q_1 \quad \cdots\cdots (15)$$

一般に電球形蛍光ランプの場合、

$$Q_1>Q_2 \quad \cdots\cdots (16)$$

である。また、回路効率ηは次式で与えられる。

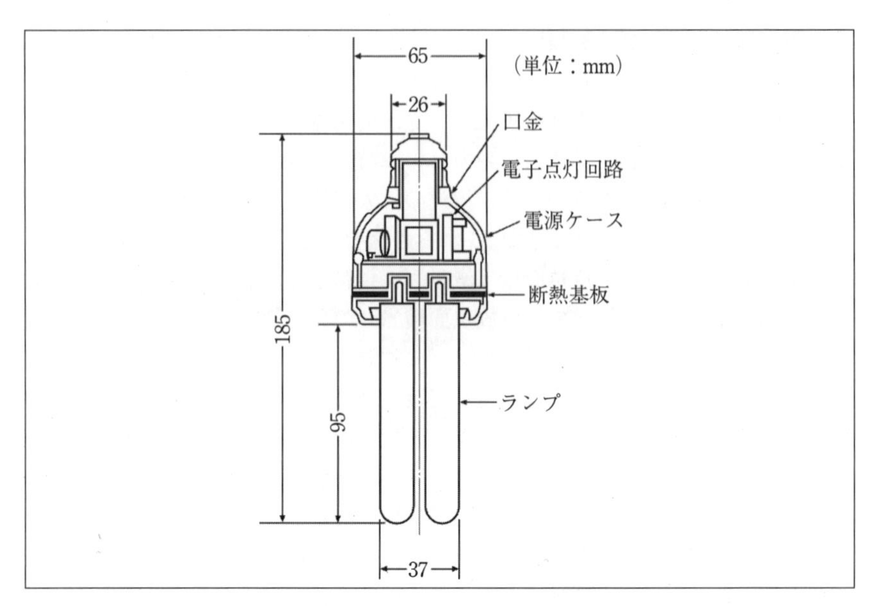

〔図２〕電球形蛍光ランプの全体構造

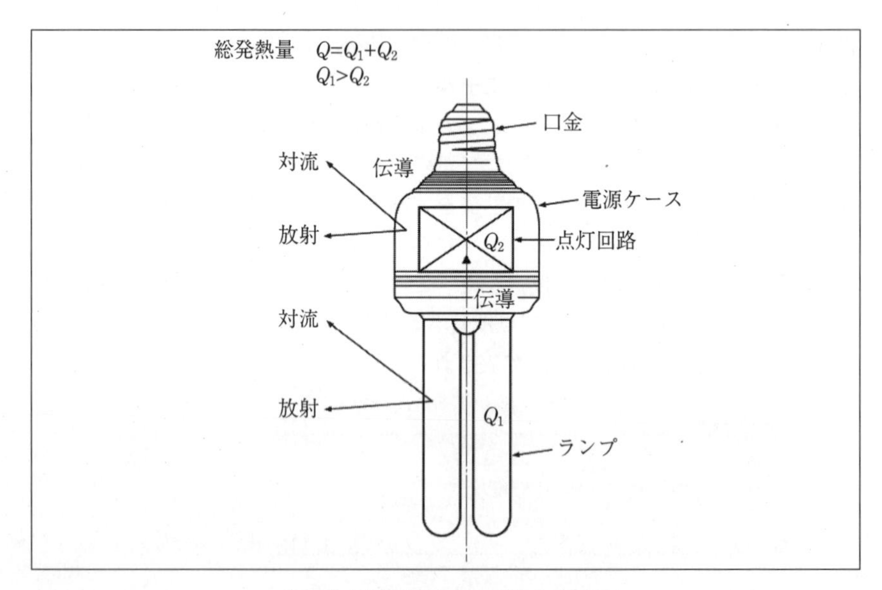

〔図３〕電球形蛍光ランプの伝熱形態

$$\eta = Q_1 / Q \quad \cdots\cdots (17)$$

上記の熱量Q_1、Q_2は図３に示すようにそれぞれ次の伝熱形態により伝達される。

伝熱形態＝熱伝導＋熱放射＋自然対流

したがって、電球形蛍光ランプの伝熱形態のモデル化に際してはこれらの伝熱形態をすべて考慮する必要があるが、具体的には以下のような点が挙げられる。

熱伝導に対しては、

◇発光管から電源ケースへの熱流

◇発光管、電源ケース上の熱伝導、および温度分布

◇発光管と電源ケース間の断熱材の連結

放熱射に対しては、

◇天井の対流に対する影響

◇電源ケースの周囲温度と大気温度との違い

等である。

４―２　熱回路モデル

図３では、電球形蛍光ランプの伝熱形態を示したが、問題はこの伝熱形態をどうモデル化するかである。まずは、伝導、放射、対流の熱の流れを図上にそのまま電気抵抗の形で表す。その際、温度を知りたい場所に○数字で節点番号をつける。そこで、図３に示した電球形蛍光ランプに対応する熱回路網モデルが図４である。ここで、節点７、９、11が相当するのは、上部の点灯回路とランプとを結ぶ機材であるが、この機材の選び方には注意を要する。点灯回路内に半導体素子があるので、ここの内部の温度を許容値以下にしたいわけであるから、もし、点灯回路内の温度がランプ部温度用も高いときは、熱を下に逃がしたいので、この機材には高熱伝導材をつかう。もし、温度が逆ならばこの機材には低熱伝導材（断熱材）をつかう。つまり複数の熱源がある場合は、設計は重要になる。そこで、断熱材を使う場合は、空気がよいので、ここは機材を上下に３分割して、上下が蓋、中が空気としたものである。あと、節点15、16、17、18は下からランプで熱せられた空気が上昇してくるので、その分の温度上昇を考慮した節点である。

同図において、各節点はある分割された領域の代表温度点を示す。熱抵抗で

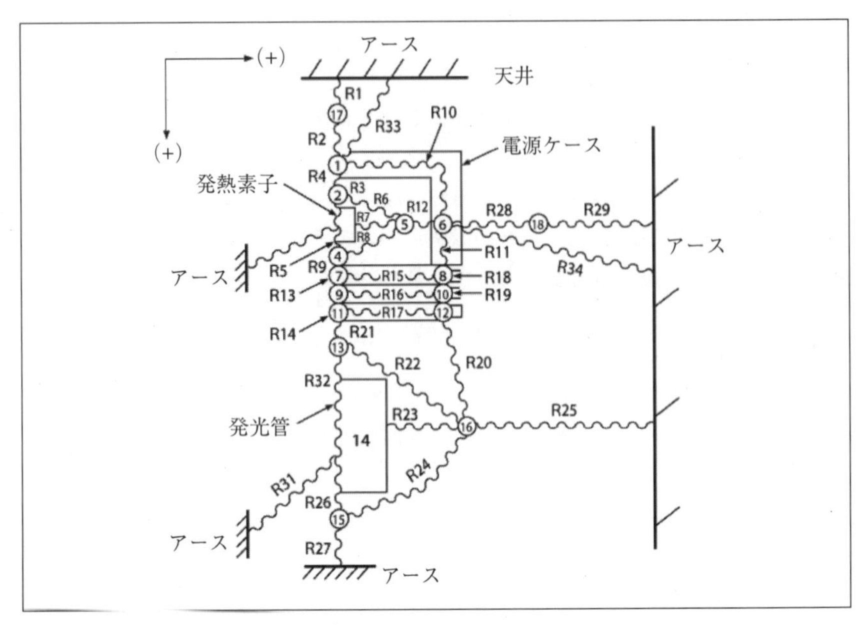

〔図４〕熱回路網モデル

〔表１〕各温度節点が代表する領域

節点番号	節点の説明	節点番号	節点の説明
(1)	電源ケース合金	(10)	断熱層端
(2)	電源ケース内上部の空気	(11)	断熱基板（2）中央
(3)	発熱素子	(12)	断熱基板（2）端
(4)	電源ケース内下部の空気	(13)	発光管上部の空気
(5)	電源ケース内側部の空気	(14)	発光管表面
(6)	電源ケース側部	(15)	発光管下部の空気
(7)	断熱基板（1）中央	(16)	発光管側部の空気
(8)	断熱基板（1）端	(17)	電源ケース上部の空気
(9)	断熱層中央	(18)	電源ケース側部の空気

結ばれ熱回路網が構成されている。表１に各温度節点が代表する領域を示す。

４―３　方程式系

熱回路網法における定式化は次の２つの法則にしたがって行う。

〔表 2〕方程式系

(1) $T_{\infty}-T_{17}=Q_1\times R_1$
(2) $T_{17}-T_1=Q_2\times R_2$
(3) $T_1-T_2=Q_3\times R_3$
(4) $T_2-T_3=Q_4\times R_4$
(5) $T_3-T_4=Q_5\times R_5$
(6) $T_2-T_5=Q_6\times R_6$
(7) $T_3-T_5=Q_7\times R_7$
(8) $T_4-T_5=Q_8\times R_8$
(9) $T_4-T_7=Q_9\times R_9$
(10) $T_1-T_6=Q_{10}\times R_{10}$
(11) $T_6-T_8=Q_{11}\times R_{11}$
(12) $T_5-T_6=Q_{12}\times R_{12}$
(13) $T_7-T_9=Q_{13}\times R_{13}$
(14) $T_9-T_{11}=Q_{14}\times R_{14}$
(15) $T_7-T_8=Q_{15}\times R_{15}$
(16) $T_9-T_{10}=Q_{16}\times R_{16}$
(17) $T_{11}-T_{12}=Q_{17}\times R_{17}$
(18) $T_8-T_{10}=Q_{18}\times R_{18}$
(19) $T_{10}-T_{12}=Q_{19}\times R_{19}$
(20) $T_{12}-T_{16}=Q_{20}\times R_{20}$
(21) $T_{11}-T_{13}=Q_{21}\times R_{21}$
(22) $T_{13}-T_{16}=Q_{22}\times R_{22}$
(23) $T_{14}-T_{16}=Q_{23}\times R_{23}$
(24) $T_{15}-T_{16}=Q_{24}\times R_{24}$
(25) $T_{16}-T_{\infty}=Q_{25}\times R_{25}$
(26) $T_{14}-T_{15}=Q_{26}\times R_{26}$
(27) $T_{15}-T_{\infty}=Q_{27}\times R_{27}$
(28) $T_6-T_{18}=Q_{28}\times R_{28}$
(29) $T_{18}-T_{\infty}=Q_{29}\times R_{29}$
(30) $T_3-T_{\infty}=Q_{30}\times R_{30}$
(31) $T_{14}-T_{\infty}=Q_{31}\times R_{31}$
(32) $T_{13}-T_{14}=Q_{32}\times R_{32}$
(33) $T_6-T_{\infty}=Q_{33}\times R_{33}$
(34) $T_1-T_{\infty}=Q_{34}\times R_{34}$
(35) $Q_3=Q_4+Q_6$
(36) $Q_4=Q_5+Q_7+Q_{30}-W_3$
(37) $Q_5=Q_8+Q_9$
(38) $Q_{12}=Q_6+Q_7+Q_8$
(39) $Q_{10}+Q_{12}=Q_{11}+Q_{28}+Q_{34}$
(40) $Q_9=Q_{13}+Q_{15}$
(41) $Q_{11}+Q_{15}=Q_{18}$
(42) $Q_{13}=Q_{14}+Q_{16}$
(43) $Q_{16}=Q_{18}+Q_{19}$
(44) $Q_{14}=Q_{17}+Q_{21}$
(45) $Q_{20}=Q_{17}+Q_{19}$
(46) $Q_{21}=Q_{32}+Q_{22}$
(47) $Q_{32}=Q_{26}+Q_{23}+Q_{31}+W_{14}$
(48) $Q_{26}=Q_{24}+Q_{27}$
(49) $Q_{25}=Q_{20}+Q_{22}+Q_{23}+Q_{29}$
(50) $Q_1=Q_2$
(51) $Q_{28}=Q_{29}$
(52) $Q_2+Q_{33}=Q_4+Q_{10}$

(記号の説明)
T：節点温度　R：熱抵抗　Q：熱流量　W：発熱量

$$\Delta T=R\cdot Q \quad \cdots\cdots (18)$$

ここで、Rは熱抵抗（℃/W）、ΔTはR両端の温度差（℃）、QはRを流れる熱流（W）である。

$$\sum Q_{in}=\sum Q_{out} \quad \cdots\cdots (19)$$

ここで、Q_{in}、Q_{out}は各々ある温度節点に入出する熱流（W）の総和である。つまり、各熱抵抗につき式(18)で表される電気系のオームの法則、各熱節点につき式(19)のキルヒホッフの法則が成り立つ。例えば図 4 において、上部から下部、左側から右側の向きを正の向きとすると、電源ケース内部から電源ケースへの熱流を表す熱抵抗R_{12}については、

$$T_5-T_6=Q_{12}\cdot R_{12} \quad \cdots\cdots (20)$$

また、電源ケース表面の温度を表す熱節点(6)では、

$$Q_8+Q_{12}=Q_4+Q_{28} \quad \cdots\cdots (21)$$

である。すなわち本モデルの場合、熱抵抗数は34、熱節点数は18であるから、未知数を温度と熱流と考えると合計52の熱回路網方程式が成り立つ。これらの方程式系を表２に示す。

4－4　熱抵抗の定式化

式(20)と式(21)における熱抵抗の定式化は以下に示す各伝熱要素を考慮して行った。

(1) 自然対流伝熱要素（R_2、R_{23}、R_{26}、R_{28}）

例えば、R_{28}は電源ケース表面から自然対流によって生ずる熱流路の抵抗を示している。いま電源ケース表面を円筒形表面として、その表面からの自然対流による伝熱形態を考えると、その垂直な表面からの自然対流伝熱量Q_c (w)は次式で与えられる。

$$Q_c = B\left(\Delta T / L\right)^{0.25} A\Delta T \quad \cdots\cdots (22)$$

ここでBは実験定数、ΔT＝上流温度－下流温度（℃）、Lは対流方向の長さ（m）、Aは表面積（m^2）である。

よって、自然対流熱抵抗R_{28}はオームの法則より、

$$R_{28} = \Delta T / Q_c = 1 \Big/ \left\{\alpha\left(\Delta T / L\right)^{0.25} A\right\} \quad \cdots\cdots (23)$$

となる。他の熱抵抗も同様にして求められる。

(2) 垂直方向熱伝導要素（R_{10}、R_{11}、R_{13}、R_{14}、R_{18}、R_{19}）

例えば、R_1は電源ケース円筒部側面の垂直方向の熱伝導による熱流路の抵抗を表しており、この場合の熱伝導量Q_dは次式で与えられる。

$$Q_d = \lambda / L \cdot A \cdot \Delta T \quad \cdots\cdots (24)$$

ここで、λは材質の熱伝導率（W/m℃）、Aは断面積（m^2）、Lは伝導方向の長さ（m）である。また断面積Aは電源ケースの内径をD_1（m）、外径D_2（m）とすると

$$A = \pi / 4\left(D_2^2 - D_1^2\right) \quad \cdots\cdots (25)$$

であり、熱抵抗R_{10}は次式で与えられる。

$$R_{10}=\Delta T/Q_d=\lambda/L\cdot A \qquad (26)$$

他の熱抵抗も同様にして求めることができる。

(3) 半径方向熱伝導要素（R_{15}、R_{16}、R_{17}）

例えば、R_{15}は断熱基板面の熱伝導による熱流路の抵抗であり、径方向に熱流がある場合の熱抵抗である。いま基板の厚みをd（m）、内径r_1（m）外径r_2（m）、熱伝導率λ（W/m℃）、基板の中心部温度をT_1（℃）、外周部温度をT_2（℃）とすると、断熱基板上での熱伝導量Qは、

$$Q=2\pi\cdot d\cdot\lambda/\ln(r_2/r_1)\cdot(T_1/T_2) \qquad (27)$$

となる。従って熱抵抗R_{15}は、

$$R_{15}=(T_1-T_2)/Q=\ln(r_2/r_1)/(2\pi\cdot d\cdot\lambda) \qquad (28)$$

で与えられる。

(4) 放射伝熱要素（R_{30}、R_{31}、R_{33}、R_{34}）

R_{31}は発光管から外部へ放射伝熱される際の熱流路の抵抗を示しており、これは放射のみであるから、発光管からの放射量Q_{31}はステファン・ボルツマン法則により次式で与えられる。

$$Q_{31}=\varepsilon\sigma A\left\{(T_{14}+273)^4-(T_\infty+273)^4\right\}=$$
$$\varepsilon\sigma A\left\{(T_{14}+273)^2-(T_\infty+273)^2\right\}\left((T_{14}+273)+(T_\infty+273)\right)\Delta T \qquad (29)$$

従って放射熱抵抗R_{31}は、

$$R_{31}=1\Big/\left[\varepsilon\sigma A\left\{(T_{14}+273)^2+(T_\infty+273)^2\right\}\left((T_{14}+273)+(T_\infty+273)\right)\right] \qquad (30)$$

となる。なおR_{33}、R_{34}は電源ケースの放射率εの影響をシミュレーションするための熱抵抗であり、上記と同様の考え方で求めることができる。

(5) 熱抵抗を直接与える要素（R_1、R_{25}、R_{27}、R_{29}）

例えば、発光管や発光管下部からの自然対流が電源ケース周囲の温度を上昇させているため、電源ケースの周囲温度は大気温度に比べて高くなる。この現

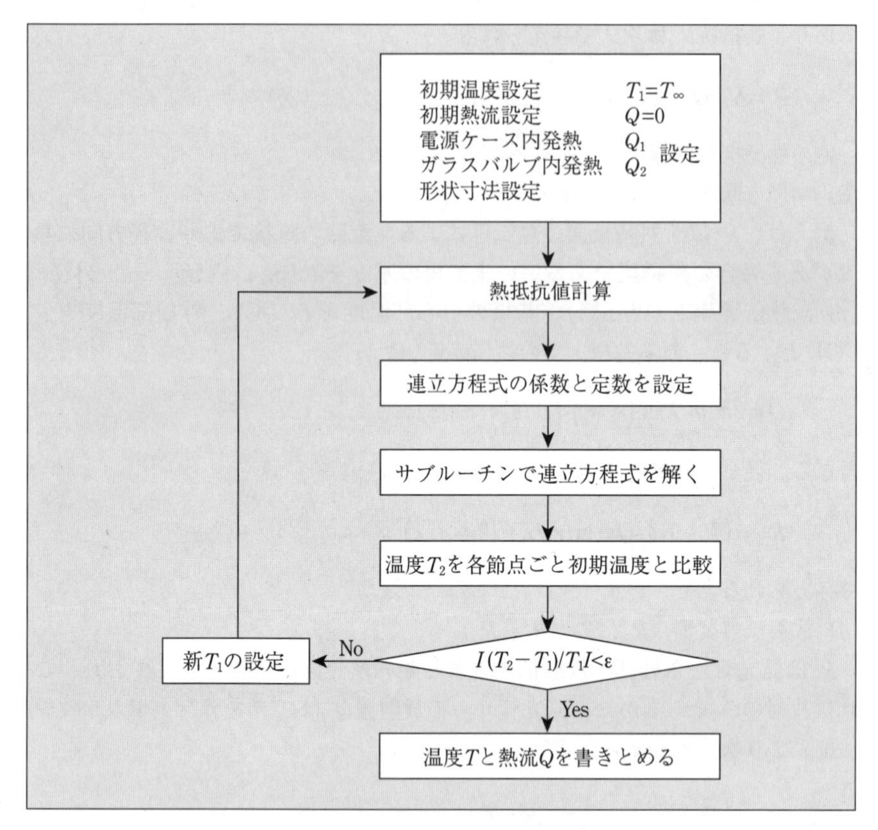

〔図５〕解法のフローチャート

象は各空間節点と大気との間に上記のような熱抵抗を設けた簡易モデルで表現することができる。ただしこれらの熱抵抗は自然対流要素であるが、この値は、10～20（℃/W）の熱抵抗値を実験値との比較において設定する。

(6) 熱抵抗を直接与える要素（R_6、R_7、R_8）

これらは電源ケース内部の温度平衡を表す熱抵抗であり、例えばR_7とR_{12}だけでも発熱素子からの放熱を表すことができるが、実際には対流によって電源ケース内部の温度が均一化される現象があると考えられる。これらの熱抵抗はこの現象を考慮したものであるが定式化が難しいため、抵抗値は後述する実験値との比較において設定する。

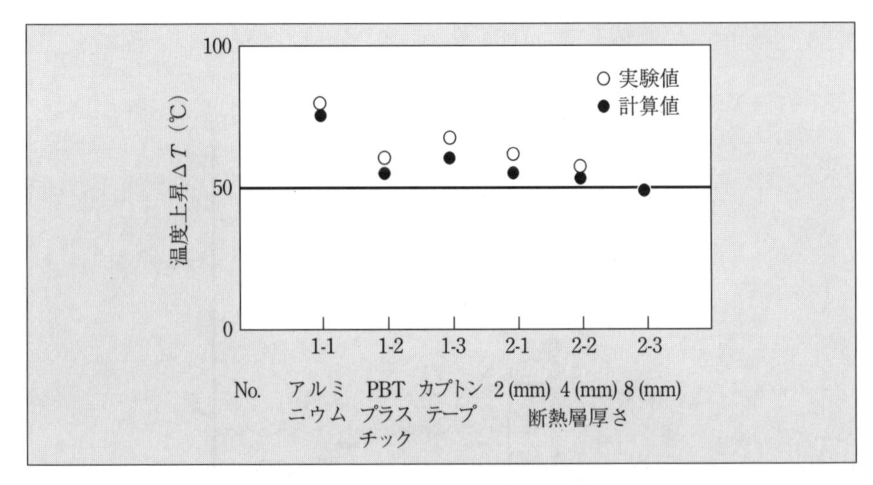

〔図 6〕電源部のケース温度の計算値と実測値との比較

4―5　解法

以上のように、図 4 の熱回路網モデルの熱抵抗ではじめから算出できるものは少なく、どの熱抵抗も計算上の柔軟性をもたせて実測値からのデータベースを常に取り込ませる工夫が必要となっている。解法のフローチャートを図 5 に示す。解法は対流と放射の熱抵抗の中に温度Tという未知数を含むので、表 2 に示す方程式系は非線形となり、繰返し計算が必要となる。はじめに各節点の温度を仮定して熱抵抗を求め、前章で説明した連立方程式系を解き、求めた温度とはじめに仮定した温度を比較し、次に熱抵抗を求めて同様の計算過程を繰り返し、仮定した温度と計算した温度が一致するまでこの過程を繰り返す。

4―6　計算値と実測値の比較

図 6 は本シミュレーションによる電源部のケース温度の計算値と実測値との比較を示したものである。図中、ΔTは大気温度からの温度上昇を表すものとする。条件としては、入力電力27W、回路効率85%、発光管の形状、寸法、および電源ケースの厚み1mmを一定とし、電源ケースの材質をアルミニウム、プラスチック等に変化させた。計算値と実測値とは良い一致を示しており、本シミュレーションモデルが基本的に妥当であることを示している。

4―7　熱シミュレーションの応用

図 7 に示すように本シミュレーションによれば各条件変化に伴う各部の温度

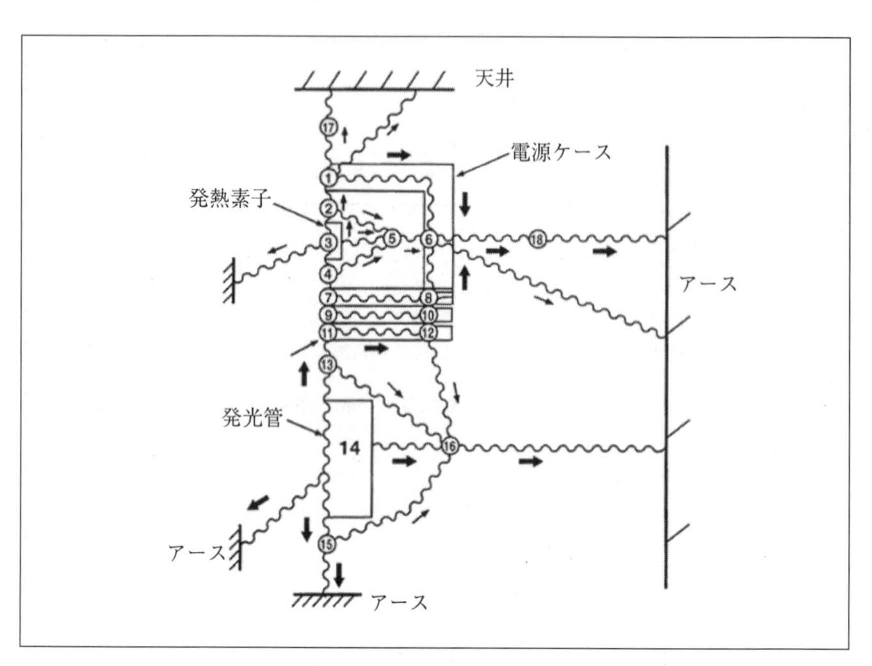

〔図７〕各熱抵抗を流れる熱流の方向とその大きさ

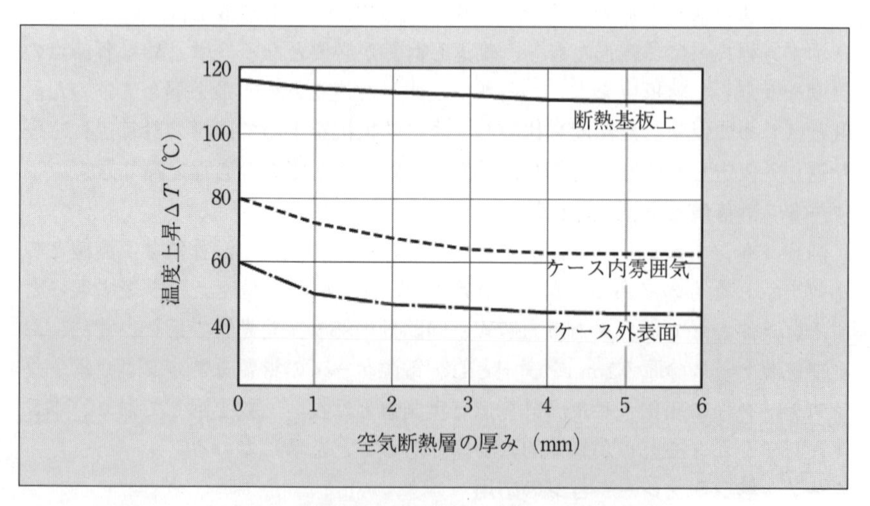

〔図８〕空気断熱層の厚みと熱の遮断効果の関係

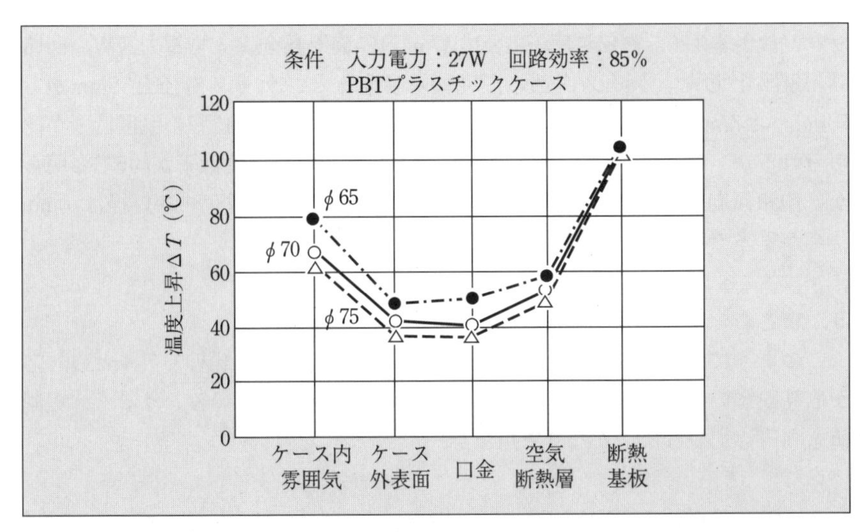

〔図9〕電源ケースの外径寸法を変化させた場合のシミュレーション結果

予測だけでなく、各熱抵抗を流れる熱流の方向とその大きさが求められる。同図において矢印の太さは熱流量の大きさを表すが、各熱流の中でも特に、「発光管から電源ケース」、「電源ケースから大気」、「発光管から大気へ」の熱流量が大きいことがわかる。したがってこれらの熱流の処理が熱設計上での重要な問題になるものと考えられる。以下、これらの熱設計にこのシミュレーションを応用した例を示す。

4－7－1　空気断熱層の効果

図4において熱流を遮断するために熱抵抗R_{16}で示した断熱層を空気で構成した場合、すなわち空気断熱層とした場合について、その厚みと熱の遮断効果の関係をシミュレーションした結果を図8に示す。熱設計上の最も重要となるケース内部の温度に着目すると、空気断熱層が1mmの場合でもその熱遮断効果により約10℃の温度低下が認められ、さらに層の厚みを増すことで効果が増大し温度は低下していくが、厚みが3mmに達するとその効果が飽和する。従ってこの場合空気断熱層の厚みは3mmが妥当であることが予測できる。

4－7－2　電源ケース外径

図9において、電源ケースの外径寸法を65mm、70mm、75mmと変化させた場合のシミュレーション結果を示す。なお、電源ケースの材質はPBTプラスチ

ック（放射率0.80、熱伝導率0.15×10W/m℃）、肉厚1mm、入力電力27W、回路効率85%とした。ケース内部の温度に着目すると、ケース外径を65mmから70mmへと5mmの増加に対して、放熱面積の増加により約15℃の温度低下が認められるが、70mmから75mmと同様に5mm増加しても温度低下が約5℃と明らかに飽和傾向を示すことがわかる。従ってこの場合、電源ケース外径は70mm程度が妥当であることが予測できる。

5．まとめ

このように、ここで示した熱回路網法は、実際のものと解析モデルとの対応が取りやすいので、設計ツールとしての良い側面をもっている。うまく、実測値を利用していけば、かなり有用なツールとなる。

11 マルチチップモジュールの非定常熱解析

1．はじめに

高密度実装の代表デバイスとして、マルチチップモジュールがよく使われている。機器の高機能を達成するために、ひとつの基板にマルチチップを搭載したモジュールが必要だからである。そして、マルチチップモジュールの温度予測のために熱解析技術はきわめて有益である。しかし、ともすると、マルチチップモジュールは基板も多層基板で配線層も多岐のため、その解析にはスーパーコンピュータを使うこともある。しかし、とりあえず、チップの温度を求めようとする場合は、熱回路網法が極めて有効である。ここでは、非定常熱伝導モデルによるシミュレーション技術について紹介する。

2．マルチチップモジュールの構造

図１に対象のマルチチップモジュールの上から見たチップの配置図(a)とパワートランジスターチップ周りの写真(b)を示す。

そして、その断面構造図は図２に示している。図２において多層配線基板は、Wメタライズドグリーンシート印刷積層法で形成されており、高発熱チップであるパワートランジスターチップの下面には、そのチップジャンクションから

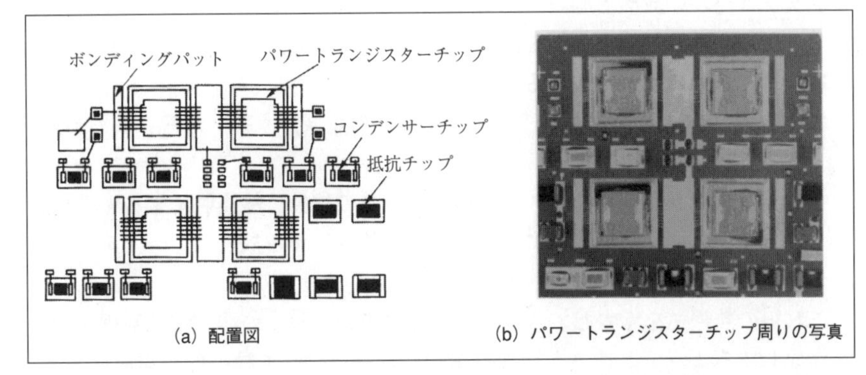

(a) 配置図　(b) パワートランジスターチップ周りの写真

〔図１〕マルチチップモジュールの上から見たチップの配置図

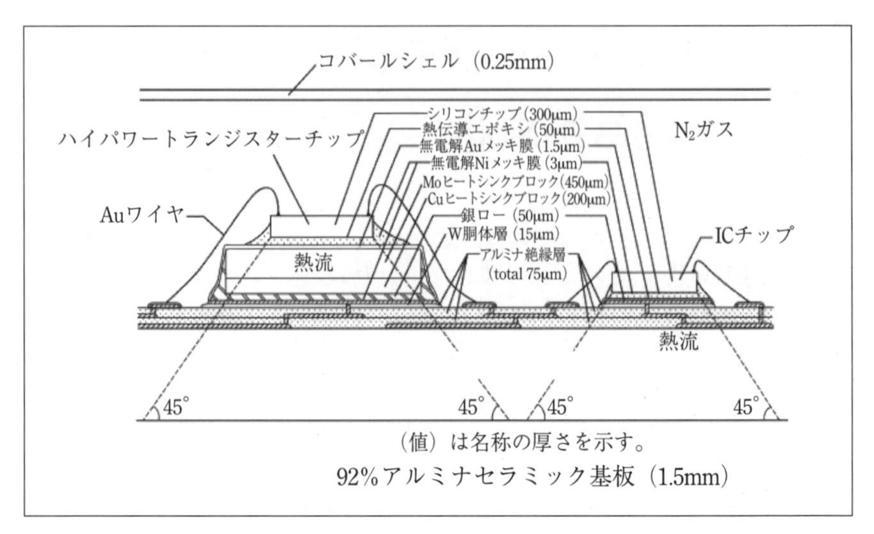

〔図２〕マルチチップモジュールの断面構造図[1)]

基板下面までの熱抵抗を低減する目的で銅ヒートシンクブロックが挿入されている。またこの銅ヒートシンクブロックと半導体素子であるSiチップの間には、銅とシリコンとの熱膨張係数の差により生じる熱ストレスによりSiチップにクラックが発生しないよう、モリブデンヒートシンクブロックが、各々銀ロー付により挿入された構造となっている。

3．モジュールの放熱形態

このモジュールの放熱形態を図３に示す。すなわちモジュールの熱輸送としては、以下のものが考えられる。

◇基板裏面および基板表面（キャップ以外の領域）：自然対流による放熱、熱放射による放熱

◇キャップ内部：内部N_2ガスの伝導による熱の移動、熱放射による熱の移動

◇キャップ外面：自然対流による放熱、熱放射による放熱

◇基板内部：熱伝導による熱の移動のみ

これらの熱輸送を考慮して、マルチチップモジュールの非定常熱解析モデルを作成してみよう。ところが、これらの熱輸送をすべて標準的に考慮すると、３次元の複雑な解析モデルを作ることになり、必ずしも設計に使える実際的な

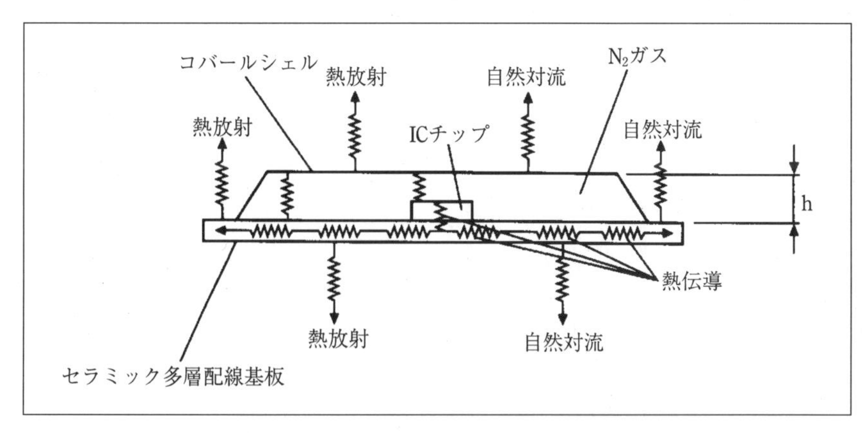

〔図３〕マルチチップモジュールの放熱形態

解析モデルにはなりえない。そこで、これらの項のうち、熱伝導による熱拡散が大きな比重を占めることは容易に推定できるので、このことを頭に入れて熱回路網を作ることにする。

3—1　モデル化のための仮定

その際、この問題を簡単にするために、以下の仮定をおく。

(1) キャップの温度は溶接している基板面の温度に等しいとする。

(2) ４個のチップからの熱は放射状に伝わるとする。

これらの仮定は三次元問題を一次元問題に帰着するための有効な仮定である。

まず、基板からキャップへは、溶接されている基板を通して熱が基板からキャップに移動する熱がある。つまり基板面のほうがキャップ面よりも温度が低いという仮定をする。そして、キャップ内部での内部N_2ガスの伝導による熱の移動とキャップと基板面との熱放射による熱の移動とにより、基板からキャップ面に熱が移動し、最終的にキャップ面とキャップが溶接されている基板面温度とが等しくなるだろうというものである。

4．熱回路網モデル[2)]

まず基板を、パワートランジスターチップ群を中心（r=0）として、図４のように分割する。ここで、ドーナツ状の分割された領域では、温度は均一とす

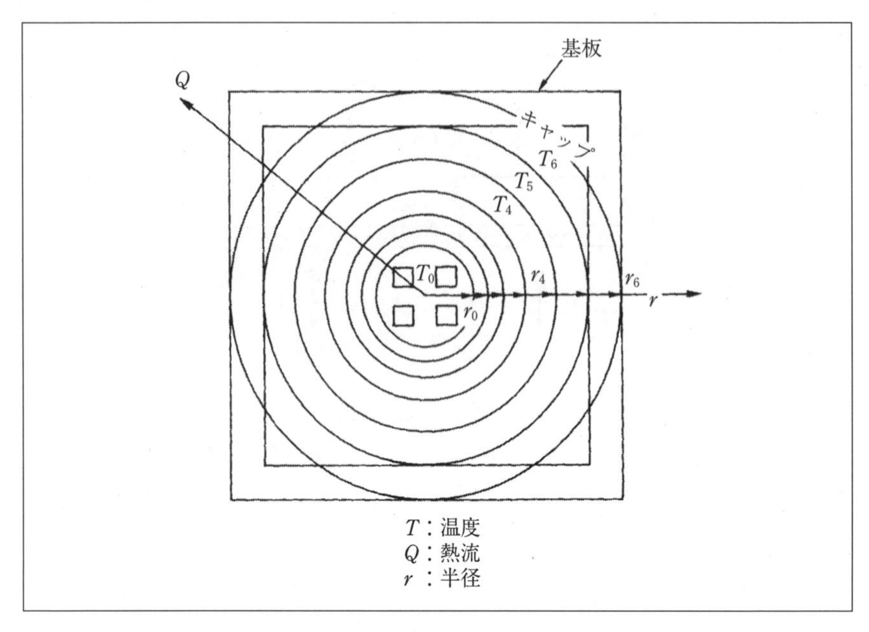

〔図 4〕基板の分割

る。つまり、節点とは基板の厚みもあるのでドーナツ状の体積部分を点として扱ったものである。

すると、温度勾配が大きいところでは、その分割を細かくする必要が生じる。つまり節点数を多くとることになる。そして、節点を中心から0、1、2、・・、6と番号をつける。すると熱抵抗Rと熱容量Cとから、パワトラから発生した熱の流れを回路に表すと図５の回路となる。中心からi番目の節点を温度節点T_iとする。温度節点T_iに流れ込む熱流Q_{2i-1}のうち、熱容量C_iで蓄えられるもの以外は、熱伝導による熱抵抗R_{2i+1}を介して、i+1番目の節点に流出するか、節点iから自然対流と放射によって、基板から放出される。ここで、基板の表側では、基板からキャップを介して大気へ、そして裏側では、基板から直接大気へ放出される。i=nでは、大気をヒートシンクとしているので、C_nは無限大となる。図５において

Q_1：各々の熱抵抗を流れる熱流［W］

T_i：各々の温度点における温度［℃］

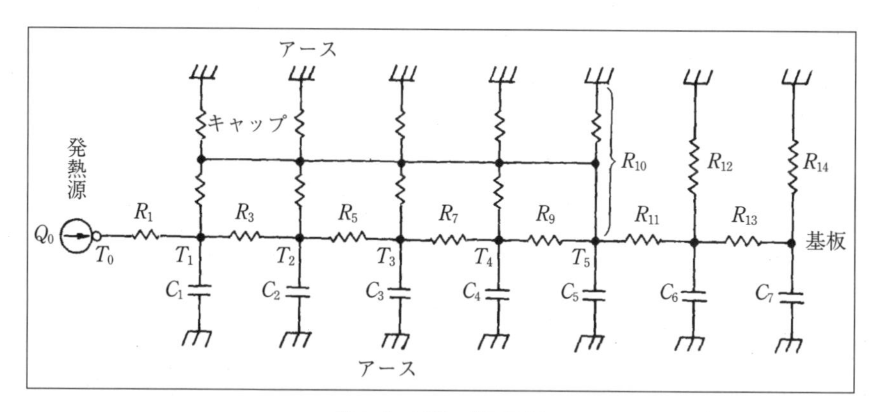

〔図 5〕実際の熱回路網

C_i：分割した多層配線基板の各々の分割領域の熱容量［J/℃］

R_{2i-1}：多層配線基板の各々の分割領域における熱伝導による基板内の広がりに関する熱抵抗［℃/W］

R_{2i}：多層配線基板の各々の分割領域における熱放射と自然対流による周囲への放熱に関する熱抵抗［℃/W］

である。

以下、この熱回路網を解くことによりマルチチップモジュールの熱解析を行う。そのためには、まず図 5 における熱抵抗（R_{2i-1}およびR_{2i}）や熱容量（C_i）を導出することから始める。

5．マルチチップモジュール内の熱抵抗と熱容量

5—1　多層配線基板内の熱伝導

図 4 で、基板を厚さd［cm］の円板と考え半径方向に熱が移動するモデルを考える。中心には半径r_1の発熱体が存在する。半径r_1で温度T_1、半径r_2で温度T_2とすると、単位時間に半径方向に通過する熱量Qは、$\Delta T=T_1-T_2$とすると

$$Q=\frac{2\pi\lambda d\Delta T}{\ln\left(\frac{r_2}{r_1}\right)} \quad \cdots\cdots (1)$$

と表せる。よって半径r_1からr_2までの分割領域における熱伝導による熱抵抗R

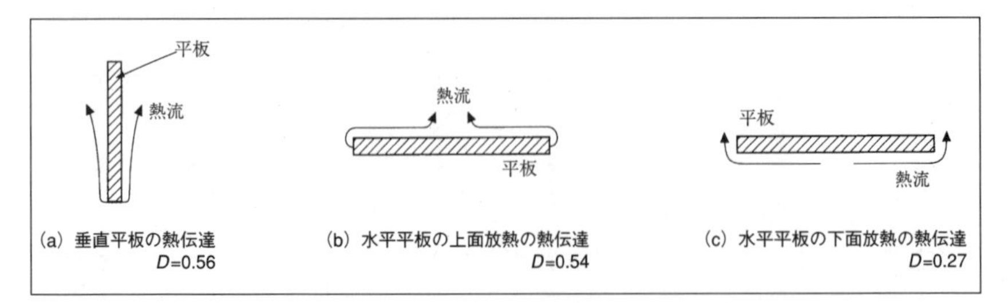

〔図6〕平板の配置と熱伝達率

は、

$$R=\frac{\Delta T}{Q}=\frac{1}{2\pi\lambda d}\ln\left(\frac{r_2}{r_1}\right) \quad \cdots\cdots(2)$$

ここでλは多層配線基板の熱伝導率［W/m·℃］である。

5—2　自然対流

空気と多層配線基板面に温度差ΔTがあり、基板面積Aを通り単位時間当りに流出する熱量Qは、

$$Q=\alpha A\Delta T \quad \cdots\cdots(3)$$

ここで、αは熱伝達率［W/(m^2·℃)］で、熱抵抗R［℃/W］とは次の関係がある。

$$R=\frac{1}{\alpha A} \quad \cdots\cdots(4)$$

一般に熱伝達率αは、熱輸送状態に関係しており、対流が層流であるとすると平板の自然対流熱伝達率は、次式で表せる[7)]。

$$\alpha=1.9\times10^{-4}D\left(\frac{\Delta T}{L}\right)^{0.25} \quad \cdots\cdots(5)$$

Dの値は、板の実装方法に従って図6に示す値をとる。またLは特性的な長さで、冷却空気が熱い表面上を通る時の流路によって決まり、今回のようなドーナツ型の板（内径r_1、外径r_2）の場合、次式で得られるものと仮定した。

$$L=\frac{2\pi\left(r_2^2-r_1^2\right)}{\pi\left(r_1+r_2\right)}=2\left(r_2-r_1\right) \quad \cdots\cdots(6)$$

5—3　熱放射

2つの黒体でない物体の間の放射熱エネルギーの交換における一般的な放射方程式は次式で与えられる[7)]。

$$Q=\sigma FA\left(T_1^4-T_2^4\right) \quad \cdots\cdots(7)$$

ここにおいて

Q：放射エネルギーの変換［W］

σ：ステファンボルツマン定数=5.66×10^{-82}［W/(m^2・K^4)］

T_1およびT_2：絶対温度［K］

A：熱放射面積［m^2］

である。さらにFは、形態係数であり次式で与えられる。

$$F=\frac{1}{\frac{1}{\varepsilon_1}+\frac{A_1}{A_2}\left(\frac{1}{\varepsilon_2}-1\right)} \quad \cdots\cdots(8)$$

ここにおいてε_1およびε_2は各々の物体の放射率である。もし一方が大気の場合は、A_2が無限大（∞）となるので形態係数Fはε_1に等しくなる。
ここで式(7)は、式(3)と同様の形にすると便利である。すなわち

$$Q=\alpha_r A\Delta T \quad \cdots\cdots(9)$$

α_rは放射熱伝達率を表し、単位は［W/m^2・℃］で次式により与えられる。

$$\alpha_r=\frac{5.66\left[\left\{\frac{\left(T_1+273\right)}{100}\right\}^4\right]-\left[\left\{\frac{\left(T_2+273\right)}{100}\right\}^4\right]}{T_1-T_2} \quad \cdots\cdots(10)$$

以上のように、熱伝達率を定めると例えば、放射と自然対流による熱輸送が同時に行われている場合、式(3)と式(9)は次式のようにそれぞれの方程式をまとめることができる。

$$Q=(\alpha_c+\alpha_r)A\Delta T \quad\text{(11)}$$

ここにおいて、

α_c：自然対流熱伝達率［W/m²・℃］

α_r：放射熱伝達率［W/m²・℃］

A：熱放射面積［m²］

ΔT：物体表面と周囲空気との温度差［℃］

である。またそれゆえ、その場合の放熱による熱抵抗は次式で表せる。

$$R_{ck}=\frac{1}{(\alpha_c+\alpha_r)A} \quad\text{(12)}$$

5―4　間隙気体（N_2ガス）の熱抵抗

金属性キャップ（コバールシェル）内の間隙気体（N_2ガス）の熱抵抗は、次式で求められる。

$$R_N=\frac{\ell}{\lambda A} \quad\text{(13)}$$

ここで、

ℓ　：間隙の長さ（コバールシェルの高さ）［cm］

λ　：間隙気体の熱伝導率［W/cm・℃］

A　：伝導面積［cm²］

である。

5―5　熱容量

マルチチップモジュールの熱容量が、多層配線基板の熱容量で代表されるものとし、多層配線基板を、円形状に分割し、中心から温度点を1, 2, 3, ……, nとすると、その温度点を代表する領域の熱容量C_iは、次式により得られる。

ここにおいて、

$$c_i=\rho c_p Ad=\pi\rho c_p\left(r_i^2-r_{i-1}^2\right) \quad\text{(14)}$$

ρ　：物質密度［kg/m³］

c_p　：定圧比熱［J/(kg・℃)］

〔表1〕各層の物性特性値

層材料	層厚 (m)×10^{-2}	熱伝導率 λ (W/(m·℃))	定圧比熱 c_p (J/(kg·℃))×10^{-3}	物質密度 ρ (kg/m³)×10^3
シリコンチップ	0.03	68.8	0.76	2.34
熱伝導エポキシ	0.005	1.63	0.60	2.0
無電解Auメッキ膜	0.00015	310	0.127	19.3
無電解Niメッキ膜	0.0003	91	0.444	8.85
Moヒートシンクブロック	0.045	143	0.30	10.2
Cutヒートシンクブロック	0.02	362	0.38	8.93
銀ロー	0.005	253	0.255	10.0
タングステン導体層	0.0015	119	0.14	19.1
アルミナ絶縁層	0.0075	16.7	0.879	3.6
92%アルミナセラミック基板	0.15	16.7	0.879	3.6
N_2ガス	0.275	2.86×10^{-2}	1.004	1.25

A ：分割された領域の面積［m²］であり$\pi\left(r_i^2-r_{i-1}^2\right)$に等しい。

r_i ：多層配線基板の分割された領域の半径［cm］

d ：多層配線基板の厚さ［cm］

である。この場合多層配線基板の物質材料は、92%Al_2O_3であり、その物質密度ρや定圧比熱c_pなどの物性値は表1に示してある。

6．方程式

以上式(1)から式(14)より図5に示す伝熱モデルのR_{2i-1}（基板内熱伝導による熱抵抗）、R_{2i}（自然対流と放射による周囲への放熱抵抗）、C_i（ドーナツ型基板の熱容量）を得ることが可能となった。図5の各温度点での熱の流れを式に表すと以下のようになる。

温度点i=0において、

$$T_0 = T_1 + R_1 Q_1 \quad \cdots\cdots (15)$$

温度点i=1～(n−1）において、

$$C_i \frac{dT_i}{d\tau} = Q_{2i-1} - Q_{2i} - Q_{2i+1} \quad \cdots\cdots (16)$$

$$\left|\begin{array}{l} C_i \dfrac{dT_i}{d\tau} = Q_{2i-1} - Q_{2i} - Q_{2i+1} \\ Q_{2i} = \dfrac{\left(T_i - T_a\right)}{R_{2i}} \\ Q_{2i+1} = \dfrac{\left(T_i - T_{i+1}\right)}{R_{2i+1}} \end{array}\right| \quad \cdots\cdots (17)$$

温度点i=nにおいて、

$$\left|\begin{array}{l} C_n \dfrac{dT_n}{d\tau} = Q_{2n-1} - Q_{2n} \\ Q_{2_n} = \dfrac{\left(T_n - T_a\right)}{R_{2n}} \end{array}\right| \quad \cdots\cdots (18)$$

これらの連立微分方程式を解くためには、Runge-Kutta法を適用する。ここで時間（τ）が0.0secの時、Q_0はチップの熱流を表しT_0は周囲大気温度（T_a）に等しくかつ、T_iはT_aに等しく、Q_i（i=1～n）は0.0である。上記した連立微分方程式は非線形である。なぜなら自然対流および放射による放熱による熱抵抗（R_{2i}）の値が温度の関数となっている。それゆえ、繰り返し計算が本来必要となるが計算を簡略化するため、時間（τ）がτ_iの時の熱抵抗（R_{2i}）の値は、時間（τ）がτ_iの時の代わりに$\tau_i - \Delta\tau$の時に計算されて求められた温度の値を用いて近似計算し求める。この方法は時間きざみ幅（$\Delta\tau$）が非常に小さい時には、その間の温度変化が非常に小さいため適用可能である。計算を実行するにあたり、次のようにRunge-Kuttaの二次近似法を用いた。

時間が$\Delta\tau/2$経過した時の1～nの各々の温度点における温度の増分（$\Delta T_{\Delta\tau/2,\,i}$）は、次式より得られる。

$$\Delta T_{\frac{\Delta\tau}{2},i} = \left\{\frac{Q_{0,2i-1} - Q_{0,2i} - Q_{0,2i+1}}{C_i}\right\} \times \left(\frac{\tau}{2}\right) \cdots\cdots (19)$$

また時間が$\Delta\tau/2$経過した時の熱流の増分$\Delta Q_{\frac{\Delta\tau}{2},i}$は、次式より得られる。

$$\Delta Q_{\frac{\Delta\tau}{2},2i+1} = \frac{\left(\Delta T_{\frac{\Delta\tau}{2},2i} - \Delta T_{\frac{\Delta\tau}{2},2i+1}\right)}{R_{2i+1}} \quad \cdots\cdots (20)$$

ここでサブインデックス（0および$\Delta\tau/2$）は、微小な時間経過を示している。温度と熱流の増分の値は各々式(19)および式(20)より求まる。従って、$\Delta\tau/2$の時間が経過した後の温度および熱流の値は各々次式により得ることができる。

$$\Delta T_{\frac{\Delta\tau}{2},i} = T_{0,i} + \Delta T_{\frac{\Delta\tau}{2},i} \quad \cdots\cdots (21)$$

$$\Delta Q_{\frac{\Delta\tau}{2},2i+1} = Q_{0,2i+1} + \Delta Q_{\frac{\Delta\tau}{2},2i+1} \quad \cdots\cdots (22)$$

時間が$\Delta\tau$経過した後の温度および熱流の値は式(21)と式(22)により得た値をもとに、各々次式により得ることができる。

$$\Delta T_{\Delta\tau,i} = \left\{\frac{Q_{\frac{\Delta\tau}{2},2i-1} - Q_{\frac{\Delta\tau}{2},2i} - Q_{\frac{\Delta\tau}{2},2i+1}}{C_i}\right\} \times (\Delta\tau) \quad \cdots\cdots (23)$$

$$\Delta Q_{\Delta\tau,2i+1} = \frac{\left(\Delta T_{\frac{\Delta\tau}{2},i} - \Delta T_{\frac{\Delta\tau}{2},i+1}\right)}{R_{2i+1}} \quad \cdots\cdots (24)$$

ゆえに、

$$\Delta T_{\Delta\tau,i} = T_{0,i} + \Delta T_{\Delta\tau,i} \quad \cdots\cdots (25)$$

$$\Delta Q_{\Delta\tau,2i+1} = Q_{0.2i+1} + \Delta Q_{\Delta\tau,2i+1} \quad \cdots\cdots (26)$$

さらに、次の微小時間きざみ幅$\Delta\tau$が経過した後の温度と熱流の値を計算するために上記のようにして計算して得られた値は、各々次のように変換される。

$$\Delta T_{\Delta\tau,i},\quad T_{0,i},\quad \Delta Q_{\Delta\tau,2i+1},\quad \Delta Q_{\Delta 0,2i+1} \quad \cdots\cdots (27)$$

上述した方法を繰り返すことにより、熱回路網の各ノード点における過渡的な温度と熱流の値を得ることができる。さらに多層配線基板の分割数（n）と時間きざみ幅（$\Delta\tau$）に関しては、計算機の容量とマルチチップモジュールの熱輸送形態によって決定しなければならない。発熱分布の複雑なものは、nを大きくし、時定数の小さいものは$\Delta\tau$を小さくするなどの処理が必要である。

7．熱解析結果と実験結果の比較検討

図１のマルチチップモジュールについて実験し熱解析結果と比較検討した。マルチチップモジュールの構成部品は、ハイパワートランジスターチップ4p、トランジスターチップ8p、アナログICチップ12p、抵抗チップ36p、コンデンサーチップ19p、である。このマルチチップモジュールの多層配線基板表面積は約36［cm^2］で、その発熱量は36［W］である。

マルチチップモジュールにおける多層配線基板裏面の過渡温度上昇の熱解析シミュレーションによる計算値と熱実験結果との比較を図７に示す。モデルＩが本シミュレーションモデルである。ここにおいてAは基板裏面中央付近、Cは基板裏面エッジ近傍、BはAとCの中間点付近の温度をそれぞれ示している。計算結果は実験結果と良く一致している。また、双方の測定されたコバールシェルの中央付近の温度は、式(10)で仮定した計算式による計算値と概略等しいことがわかり仮定の正当性が確認できた。

さらに図７において、破線は非定常熱解析の熱回路網において対流および放射による熱抵抗（R_{2i}）を無視した時（モデルⅡ）の多層配線基板裏面中央の過渡温度上昇の熱解析計算結果を示している。もし自然対流と放射による放熱の影響を考えないならば、多層配線基板の裏面の過渡温度上昇は実験結果である真の値のおよそ8%増しとなることが理解できる。

以上、マルチチップモジュールの熱伝導、熱放射および自然対流を考慮した非定常熱解析モデルについて述べた。熱回路網法の一次元モデルをマルチチップモジュールの熱解析に適用したため、簡単でパソコンを使用して計算することができる。

モデルが一次元でシンプルにもかかわらず計算結果は実験結果と良く一致していた。自然対流と放射による放熱による熱抵抗の寄与はわずか8%程度で、熱伝導による熱抵抗の寄与のほうが圧倒的に大きかった。さらにこのモデルは、コバールシェルの温度も予測している。この簡単な熱回路網法はパソコンを使

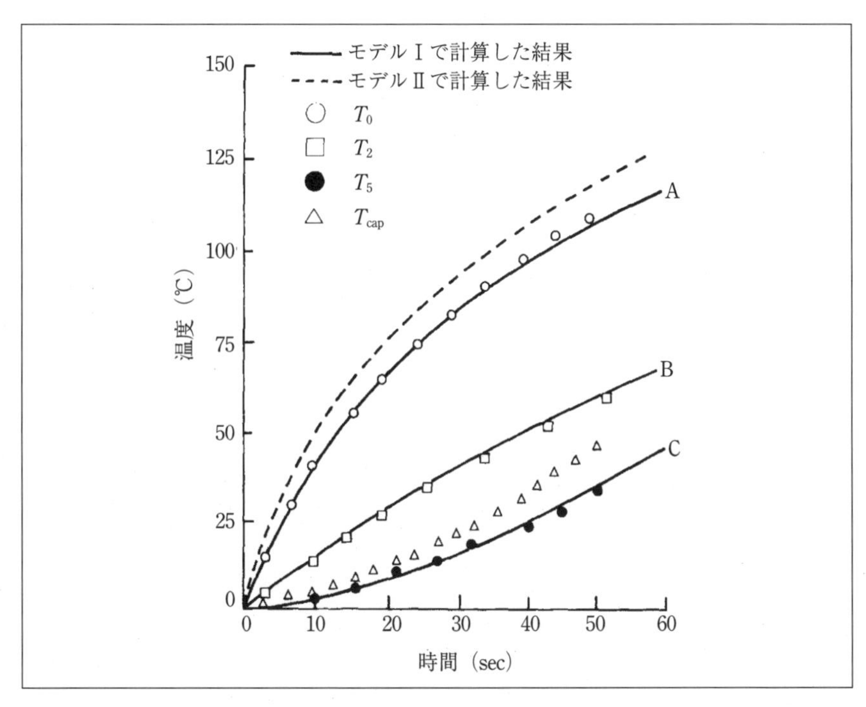

〔図７〕マルチチップモジュールにおける多層配線基板裏面の過渡温度上昇の熱解析シミュレーションによる計算値と実験結果との比較

用して計算可能で、マルチチップモジュールの非定常熱解析とその熱設計に大変有効で、熱実験に頼ることなく過渡温度上昇を正確に設計時点で予測することができる。

８．おわりに

ここで紹介した非定常熱解析モデルは、平板基板に対して適用してきたが、マルチチップモジュールの金属シェルの形状が著しく異なる場合やマルチチップモジュールが三次元に搭載されている場合には、さらに進んだ解析と研究が必要になる。また、高発熱半導体素子が多層配線基板上にかなりの距離を隔てて実装されている場合には、この一次元解析モデルをさらに改良した熱回路網法の二次元解析モデルが必要となる。じかし、実際の設計では、精度的にもこの程度の計算で十分であることが多い。モデルを複雑にすればよいというものではない。

12　熱回路網法を用いた非定常熱解析例

1．はじめに

熱回路網法では、すでに定常問題でも非定常問題でも有効であることは示しているが、熱回路網法の鍵はモデル化である。そのためには、できるだけ多くの計算と実験の比較例を取得することが大事である。ここでは、熱回路網の非定常問題解析をもう少し理解できるように、そのサーマルヘッドの熱解析例とX線管の熱解析例を紹介する。

2．サーマルヘッドの熱解析[1)]

基板内の熱解析を行う時、チップからの熱の流れをチップ周辺のみに限って解析することがあるが、これに類似した例として、基板上にチップの代わりに薄い電気抵抗層を設けた構造のサーマルヘッドの熱解析がある[1)]。

サーマルヘッドはごく小さい発熱体（ヒータ）のことであり、主にプリンタやファクシミリに用いられている。たとえば、ファクシミリでは、図1に示すようなサーマルヘッドからの発熱で、感熱紙の一部を加熱し化学反応で変色させるものである。そして、このサーマルヘッドの加熱（実際は抵抗体に電圧を

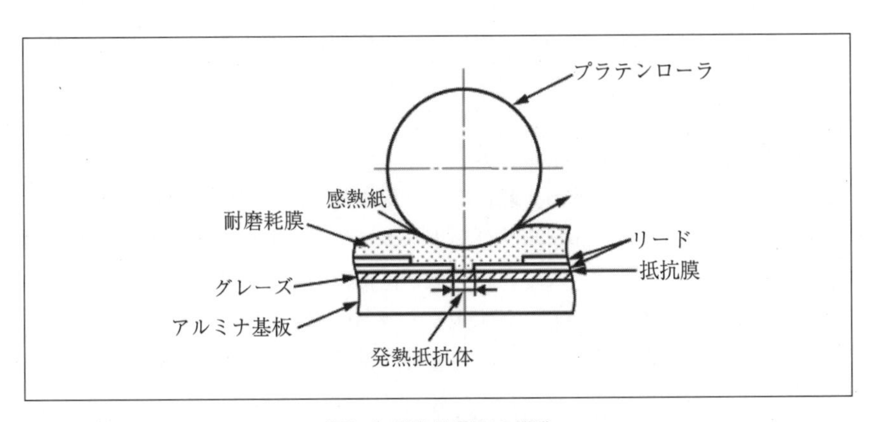

〔図1〕発熱体周辺の構造

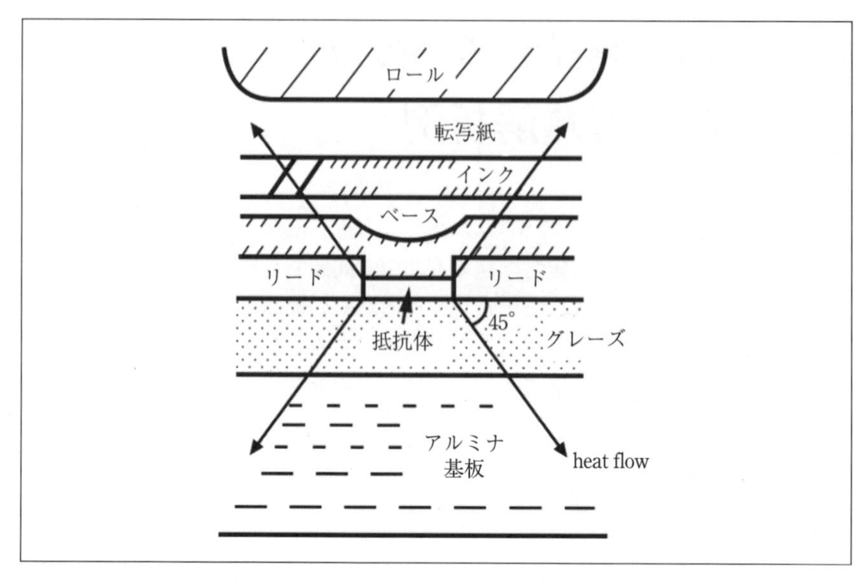

〔図2〕サーマルヘッドまわりの構造

加える）をICで制御させて自由にパターンを作り出すものである。ここでは、もう一つのサーマルヘッドの利用例としての熱転写プリンタに用いられたサーマルヘッドの熱解析例を紹介する。

2—1　構造と原理

図1と図2にサーマルヘッドまわりの構造を示す。抵抗体の大きさをドットといっているが、150μm×250μmである。抵抗体に左右の電極から電圧がかけられて発熱するが、これをサーマルヘッド表面側に伝えるため下側に断熱材に近いガラスの集まりであるグレーズ層が設けられている。そしてグレーズ層はアルミナ基板にマウント（搭載）されている。また、抵抗体の発熱は直接リボンには伝えられていないため、熱に強く、耐摩耗性の材料で抵抗体を覆っている。これを保護層という。リボンは、ポリエステルの薄い層（ベース）の上に固形のインクの層が塗布されていて、紙と直接接触している。ここで、抵抗体が加熱される時、熱が保護層に伝わりベースからインク層に伝わる。そして、インクは溶けて、その部分は紙に圧力で押し付けられて印字する。この様子を図3に示す。

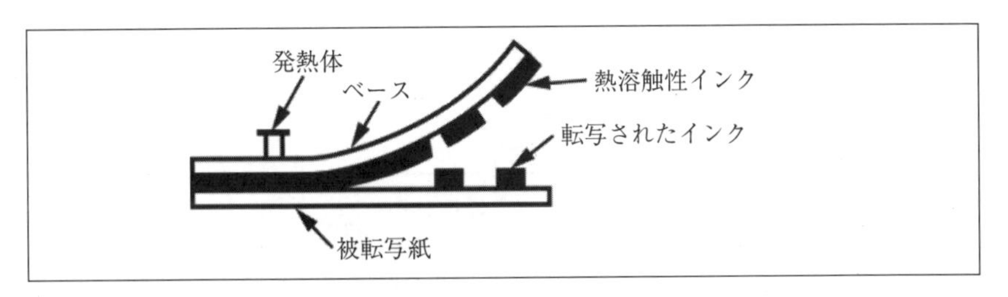

〔図3〕印字原理

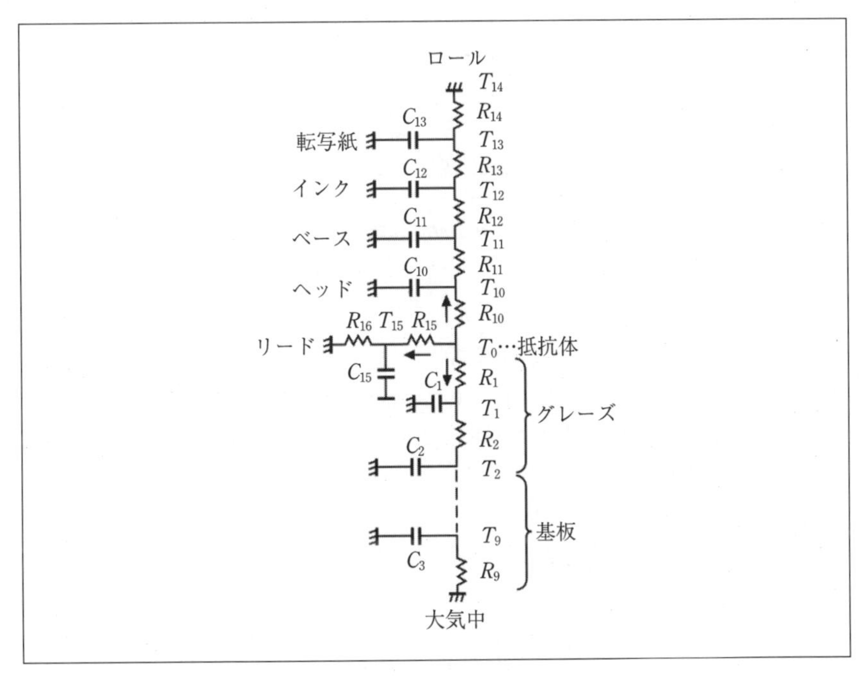

〔図4〕熱回路モデル

2—2　熱解析網モデル

図2で構成要素の熱の流れを示したが、それを熱抵抗Rと熱容量Cで表したのが図4である。ここでは考え方として、一次元的に熱流を取り扱うために図5に示すように熱の拡散を45度モデルで表した。境界条件は対流熱伝達とした。

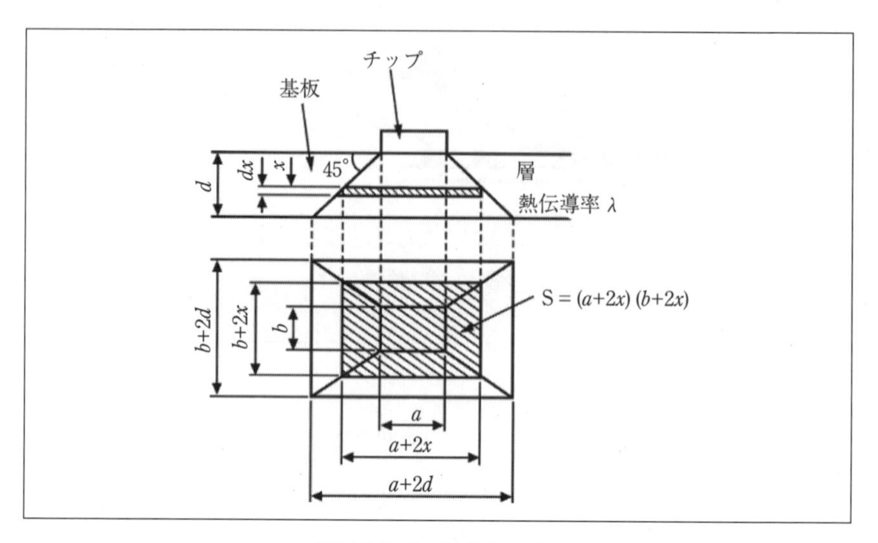

〔図５〕熱の45度拡散モデル

２－２－１　45度モデル

ここで45度モデルについて説明する。いま、図５に示すように抵抗体からの熱が45度で拡散していくとしているので、同一材料であれば合理的であるが、多層の基板でも近似的に使っている。このようにすると、熱抵抗Rと熱容量Cが一次元流の時と多少異なる。

図５のように、抵抗体の大きさをa, x, bとして、基板からの距離xの厚みdxの層を考えると微小な熱抵抗dRは、λを熱伝導率として、

$$dR = \frac{dx}{\lambda A} = \frac{dx}{\lambda(a+2x)(b+2x)} \quad \cdots\cdots (1)$$

と表せ、積分して、

$$R = \int_0^d \frac{dx}{\lambda(a+2x)(b+2x)} \quad \cdots\cdots (2)$$

これは、$a \neq b$ のとき、

$$R = \frac{1}{2\lambda(a-d)} \ln\left(\frac{a(b+2d)}{b(a+2d)}\right) \quad \cdots\cdots (3)$$

$a=b$のとき、

$$R = \frac{d}{\lambda\left(a^2 + 2ad\right)} \quad \cdots\cdots (4)$$

となる。そして熱容量Cも、

$$C = \rho c_p A d = \rho c_p \left(a + 2d\right)\left(b + 2d\right)d \quad \cdots\cdots (5)$$

となる。

2－2－2　インクの熱容量モデル

式(5)は層が固体か液体の単一相に限られている場合は良いが、インク層のように固相から液相に変わる場合は、取扱いが難しい。

そこで、これを熱容量の中に吸収してしまうやり方もある。つまり、インクが45℃で溶け始め、65℃で完全に溶けるとすると、温度Tとして、

$T<45$℃　　C=固相
$T>65$℃　　C=液相（実際はここまでいかず紙に圧着される）　(6)

そして、45℃≦T≧65℃では、インクの相変化熱をLとして、

$$C = \frac{\rho A d L}{T} \quad \cdots\cdots (7)$$

としてみる。つまり、c_pのかわりにL/Tを入れたことになる。これを図に示すと図6になる。

2－2－3　計算例

ここで、実際の計算例を図7に示す。ここでは、印加時間がτ=0.4, 0.38, 0.36, 0.34msと減少した時の各層の温度履歴を示している。これによると、インク層の温度の立ち上がりは速いが、T=60℃ぐらいになるとなだらかになっていて、相変化の影響を表す妥当な結果をしめしている。

3．X線管の熱解析

3－1　X線管の構造

図8に解析に用いたX線管の構造を示す。ターゲット平均温度は600～700℃

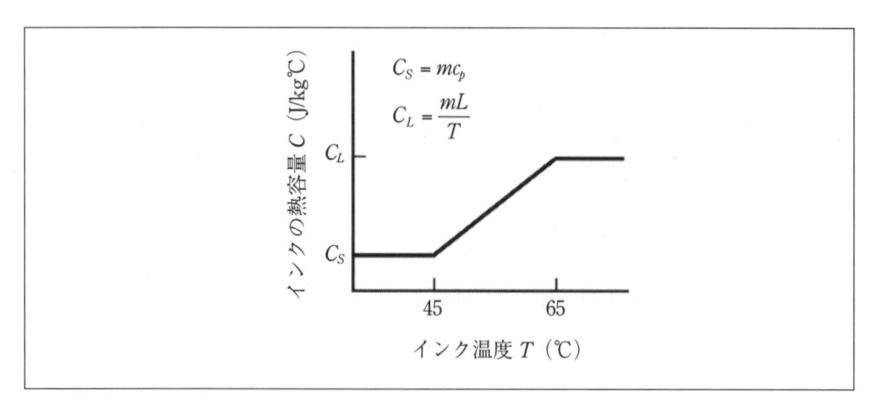

〔図6〕インクの熱容量モデル

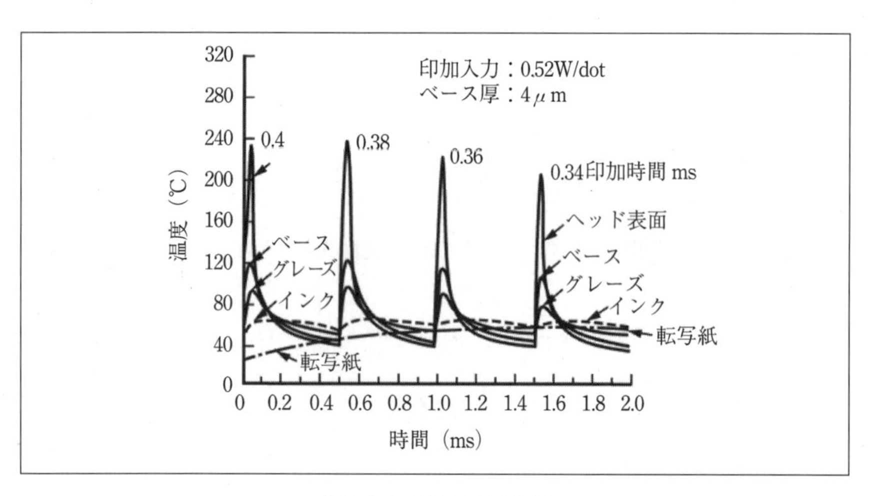

〔図7〕温度特性の計算例

以上となるため、ターゲットから首部にかけて高温強度のあるモリブデン（Mo）が用いられている。また、電子線が照射される部分はかなりの高温となるため耐熱性のタングステン（W）が用いられている。ロータとは首部で接合されている。ロータ側の接合部には鉄（Fe）を用いている外は、ほとんどが外面黒化した銅（Cu）である。軸受は、ボールベアリングを用いている。このベアリングは、ターゲット側に近い上部ベアリングと、ステム部に近い下部べ

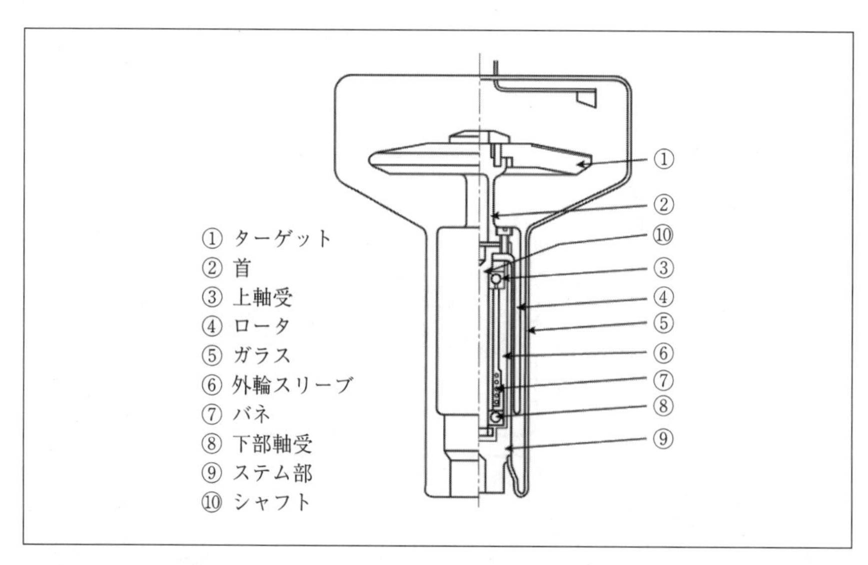

〔図 8〕解析に用いた X 線管の構造

アリングの二つが用いられている。ベアリングの内輪はロータ肩部でネジ止めされたシャフトで回転し、外輪はステータで固定されている。また、これらの部品はステム部で接合されたガラス管に収納されている。さらにこのガラス管は、外装器に入れられ、この外装器の内部は、冷却用の油で満たされている。

3―2　解析モデル

X線管の熱解析モデルを図 9 に示す。このモデルは、熱抵抗と熱容量からなる熱回路網で構成されている。各節点は、温度勾配が大きいと予想される領域、材料が変化する領域、形状が大きく変化する領域などに設けた。ほとんどの熱抵抗は熱伝導で、表面からは放射熱抵抗を考えるが、特殊な部品間の熱抵抗は、簡単に得られない。このため、とくにベアリング部の熱抵抗は実測値を直接入力する。材料の物性値および、放射率の物性値は、伝熱工学資料[2)] から採用した。節点 2 を熱入力位置とした。周囲温度は、X線管の周囲にある冷却油の温度が均一に30℃であると仮定した。

3―3　解法

3―3―1　方程式

ここでは基本的な解法についてのべる。まず、代表節点からの熱の流入につ

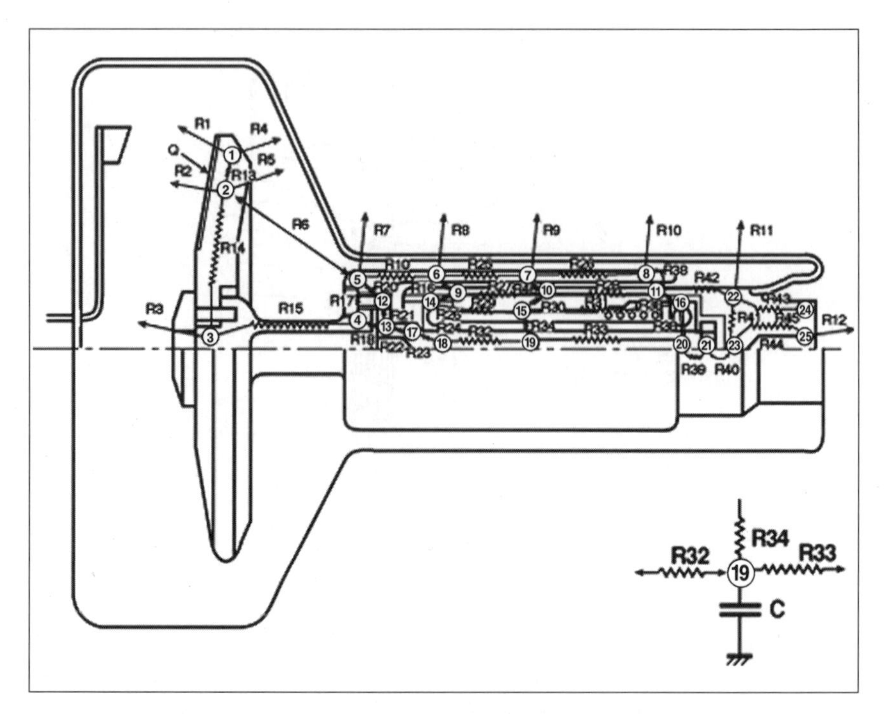

〔図9〕X線管の熱解析モデル

いて方程式系を立てる。Tは温度、Rは熱抵抗、Cは熱容量として、熱抵抗Rを流れる熱流をQとする。各節点での熱流の出入の式を立てる。時間をtで表すと、これら方程式を各節点で考えると

各節点で　　$C \cdot dT/dt = \sum Q_{in} - \sum Q_{out}$ ....(8)

各熱抵抗で　　$\Delta T = Q \cdot R$ ....(9)

となり、この各節点を連立させて解く。Rは定数と考えると未知数は、温度Tと熱流Qである。よって、温度Tと熱流Qを初期設定して解く（初期設定では、T=周囲温度、熱入力節点以外では、Q=0とする）。

3－3－2　熱抵抗

今回のX線管では、冷却油が一定温度と考え、伝導熱抵抗と放射熱抵抗を考

える。

◇伝導熱抵抗R_c

λ：熱伝導率、L：物質の長さ、A：熱流通過面積とすると

$$R_C = \Delta T / Q = L/(\lambda \cdot A) \quad \cdots\cdots(10)$$

と求まる。

◇放射熱抵抗R_r

絶対温度T_hとT_cの間の放射熱伝達は

$$Q = \sigma \cdot \varepsilon \cdot A \cdot F \cdot \left(T_h^4 - T_c^4\right) \quad \cdots\cdots(11)$$

と表される。ここで、σ：ステファン・ボルツマン定数、ε：放射率、A：表面積、(いずれも温度T_hの物質の量を表す)、そしてFはT_hとT_c間の形態係数を示している。式(11)から放射熱抵抗R_rは

$$R_r = 1/[\sigma \cdot \varepsilon \cdot A \cdot F \cdot \left(T_h^2 + T_c^2\right)\left(T_h + T_c\right)] \quad \cdots\cdots(12)$$

となる。

3－3－3　熱容量 C

節点ごとに分割したその体積を質量をm、その物質の比熱をc_pとすれば、熱容量Cは

$$C = m \cdot c_p \quad \cdots\cdots(13)$$

となる。

3－3－4　近似解法

各節点と熱抵抗について、式(8)と式(9)による連立方程式を解くが、この方程式系が式(12)により、熱抵抗が温度の関数であるため、繰り返し計算をせずに、近似解法を用いる。これは、式(8)と式(9)は、時間刻み幅Δtとしてt=0より解いていく。そのとき、式(12)で放射による熱抵抗R_rを求めるために、温度T_hとT_cを決める必要がある。ここでは、t=0での温度T_hとT_cの初期温度から始めて、t=t時の熱抵抗R_rを、t=t－Δt時での温度で近似して計算していく。これは、Δtを各節点の抵抗R_iと熱容量C_iの積で表される時定数$R_i \cdot C_i$よりも小さい値に選ぶことから、Δt間の温度変化が小さいとしている。

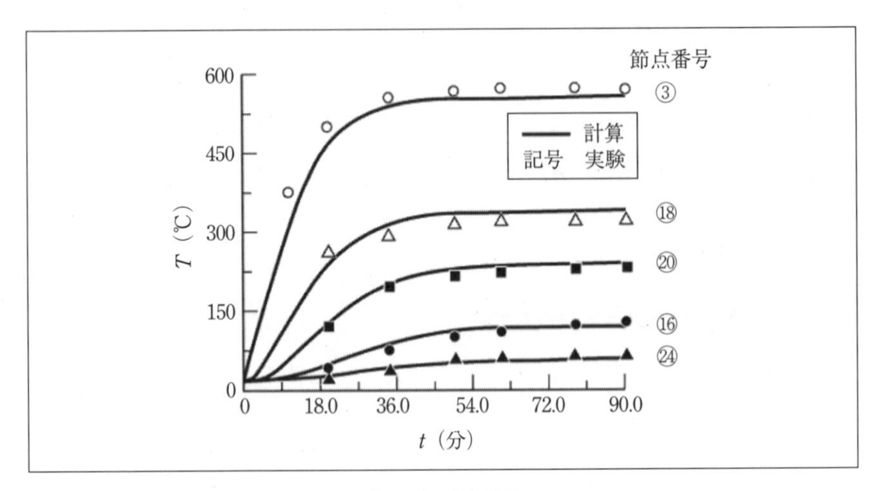

〔図10〕計算結果

3－4　数値計算結果

◇計算値と実験値の比較

まず、解法の妥当性とベアリング部の熱抵抗を検討するために、計算値と実験値の比較を行った。計算は、実験に合わせて、節点２に300Wの入力を与えた。入力時間は、90分入力、30分休憩の、合計120分の計算を行っている。その結果を図10に示す。まず、温度測定点は、ターゲットとロータの接合面（節点３)、上部ベアリング側内輪部（節点18)、下部ベアリング内輪部（節点20)、同外輪部（節点16)、ステム端部（節点24）の５点である。(節点3)、(節点18)の点は15～20分で定常になっている。(節点20）の点は、少し遅れてから立ち上がり、30分くらいから定常に達している（節点16)、(節点24）の点は、10分くらい遅れてから温度上昇し始めており、90分たってもまだ定常に達していない。計算結果は、実験結果をかなりよくシミュレーションしていることがわかる。ほかにターゲット部の放射率ε=0.5、ロータ部の放射率ε=0.6としている。90分後での計算値は実験値と±10℃で一致している。ただし、計算では、アノードサポート端部は90分でほぼ定常に達しているが、実験装置でサポート部のヒートシンクの考慮をしていないためである。

◇温度履歴の計算

まず、各パラメータの各部の温度分布に及ぼす影響を計算する。

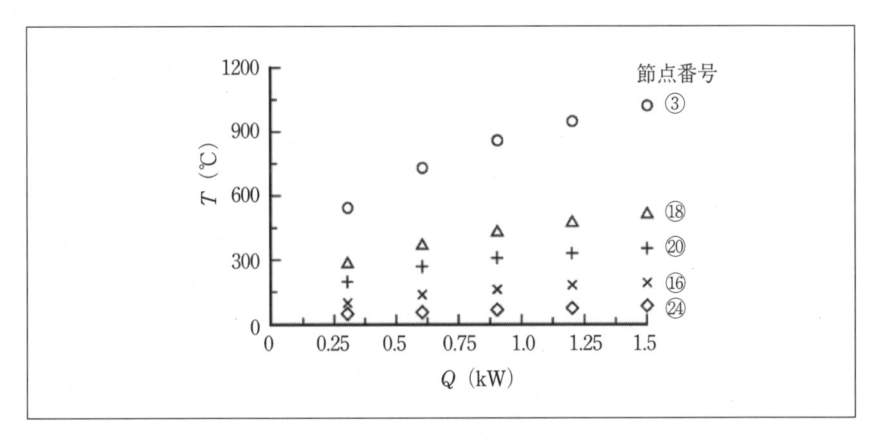

〔図11〕ターゲット入力量と各部の温度

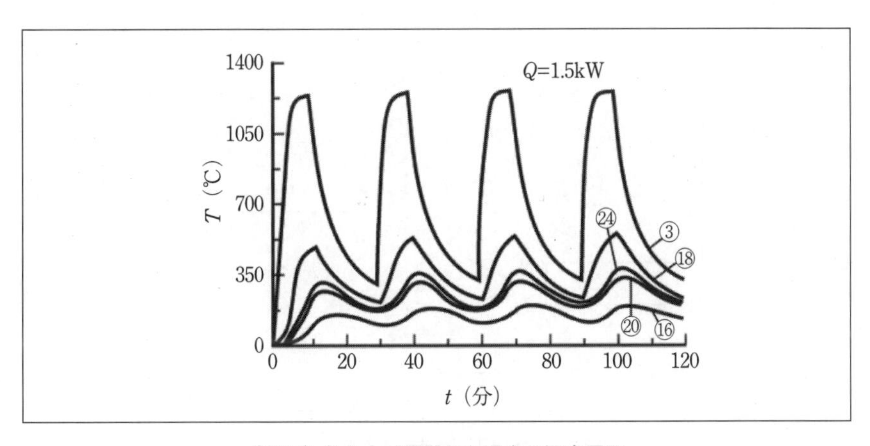

〔図12〕熱入力が周期的な場合の温度履歴

◇ターゲット入力量の影響

図11は90分後の各部（前出）の温度が、ターゲット入力量Qにより、どう変化するかを調べたものである。これによると、Q=1250Wで、上部ベアリング側内輪部（節点18）の温度が500℃に近くなっているので、ベアリング部が危険となる。

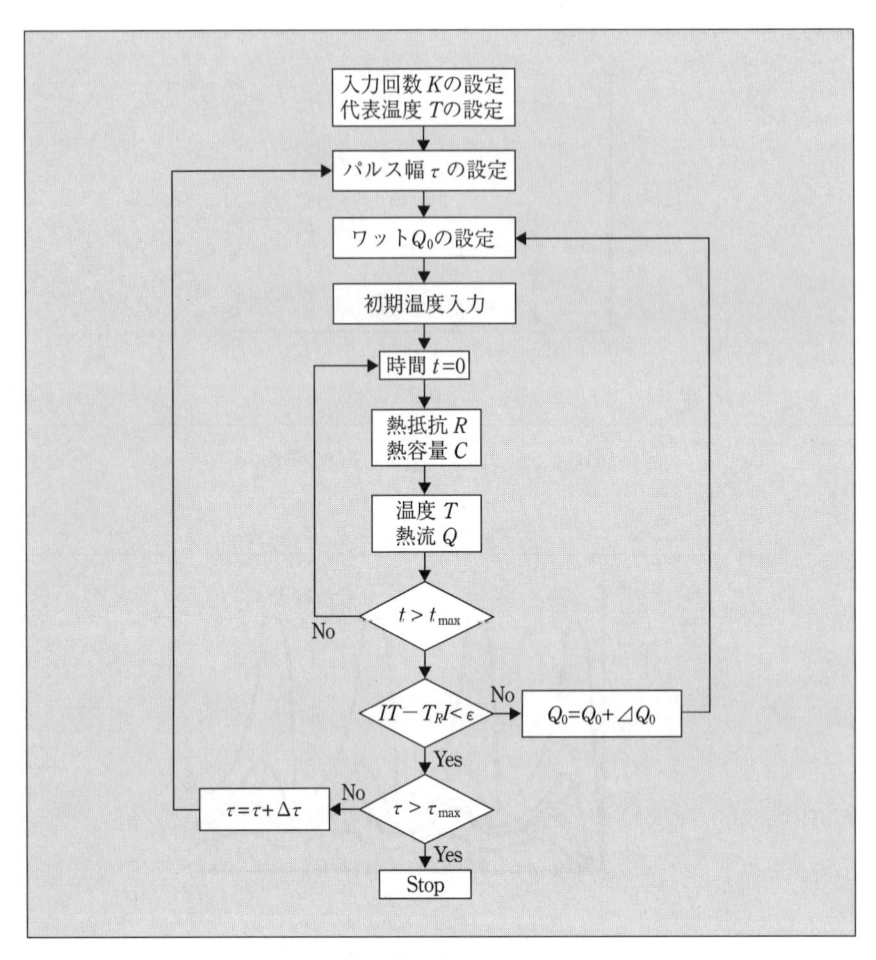

〔図13〕計算の流れ図

◇ターゲット温度一定条件の計算

今度は、ある時間後のターゲット温度を1200℃に一定にする条件で、熱入力時間と冷却時間を繰り返す過程で、入力時間の回数と、熱入力時間、入力熱量との関係を示す。

◇履歴計算

まず図12が、10分間、1800W熱入力を30分周期で４回繰り返したときの各部

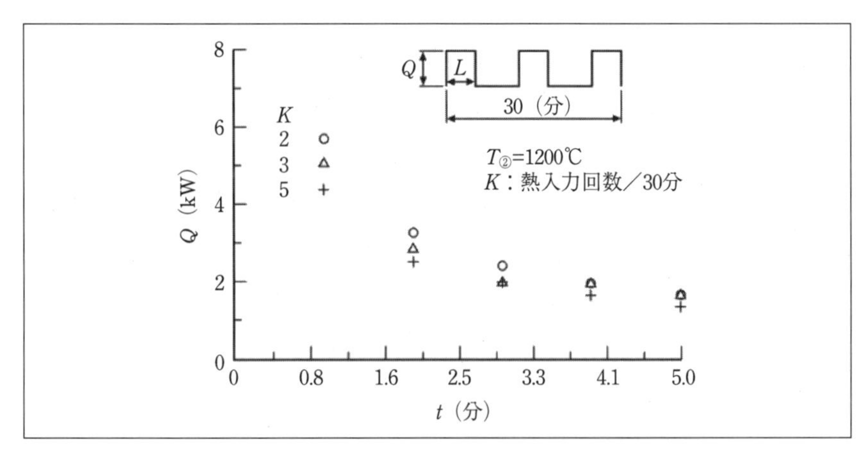

〔図14〕熱入力が周期的な場合の各部の温度計算例

の温度履歴を表している。温度曲線は上から、ターゲットとロータの接合面（節点3）、上部ベアリング側内輪部（節点18）、同外輪部（節点16）、下部ベアリング内輪部（節点20）、ステム端部（節点24）の5点である。ターゲットとロータの接合面温度は1200℃に達しており、上部ベアリング側内輪部温度も500℃に達している。ここで30分後のターゲット部（節点2）の温度が1200℃になる時の熱入力時間、入力熱量と入力回数の関係を表すことにする。

3—5　計算の流れ

ここでは、20分後のターゲット温度を1200℃と固定するための条件を求めることになるので、繰り返しの計算を必要とする。つまり、入力回数Kを規定すると、必要な熱入力時間が割り出され、その入力時間に対して、ターゲット温度を1200℃とする入力熱量を繰り返して求める。つまり、初期時間から20分間、温度履歴を計算して、その時のターゲット温度が1200℃より高いか低いかを判断して、与える熱入力量を修正するこれを繰り返すことになる。この計算を流れ図で表すと図13のようになる。

3—6　熱入力時間、入力熱量と入力回数の関係

計算例を図14に示す。ここでは、横軸が熱入力時間t（分）、縦軸が入力熱量Q（kW）をとり、パラメータとして、30分間の入力回数をとっている。当然、熱入力時が増せば、入力熱量は少なくする必要がある。また、入力回数が増えると、入力熱量は少なくてすむ。これは、この計算では30分間の限定のため、

入力回数と熱入力時間が決まると必然的に冷却時間（周期—熱入力時間）が決まるので、十分な時間がとれず、少ない入力熱量に押さえられる。よって、入力回数が少ないほうが、多くの入力熱量が加えられる。

4．まとめ

熱回路網法を用いて、X線管の熱解析を行った。今回は、多量の繰返し計算を必要とする計算であったが、このような繰返しの多い計算も、節点数が少ないため、ノートPCで１分以内で対応できる。特に、パラメータの数は多いのでこの計算法は有益である。

13　相変化冷却技術

1．はじめに

最近、電子機器の冷却技術として、定常冷却のほか過渡的な冷却技術も使われるようになってきた。これは、一時的に負荷が多くかかる機器ではその瞬間を冷却すれば良いので、過渡的な冷却技術が行われている。以下においては、低融点合金を利用した相変化冷却技術に関して、低融点合金の選定理由、実験サンプルの作成とその構造、熱実験方法および結果について述べる。

2．融点金属の選定理由

相変化の冷却を考える場合、相変化材の選定が重要である。例えばある種のエレクトロンワックス（商品名）のように80℃以下で固相から液相に相変化する物質もある。この種のエレクトロンワックスのような冷却媒体を用いるなら、固相から液相への相変化の際の容積膨脹が小さいため多層配線基板の裏面に保

〔表1〕種々の相変化物質の物性値

特性値／材料	融点（℃）	融解熱（cal/g）	沸点（℃）	気化熱（cal/g）
エチルアルコール	−114.5	26.1	78.3	200
メチルアルコール	−97.8	23.7	64.7	263
イソプロピルアルコール	—	—	82.3	159.2
フロリナート	—	—	56-215	16-21
エレクトロンワックス	50-60	45-50	—	—
カリウム	63.5	14.4	765.5	—
ガリウム	26.78	—	2403	—
セシウム	28.5	—	703.3	—
ルビジュウム	38.89	—	679.5	—
Bi/Pb/Sn/In合金	57	—	—	—
Bi/Sn/In合金	77	—	—	—

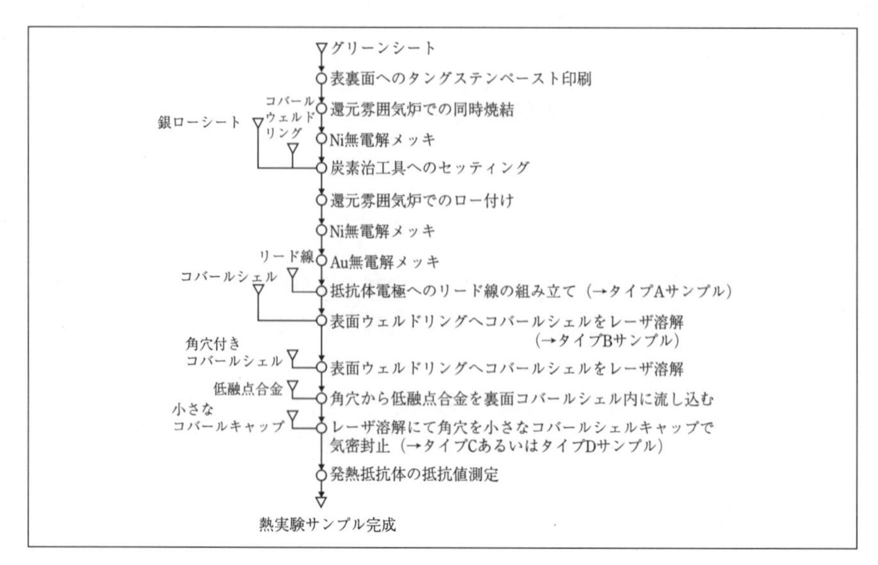

〔図１〕実験サンプル作成プロセス

持することは比較的容易である。しかしながら、これらの物質は有機物であるため液相における熱伝導率が低く、そのため熱抵抗が高くなりチップジャンクション温度を望まれるレベルまで抑えることができない。

他方、例えばGa（Gallium）、Cs（Cesium）、Rb（Rubidium）のようなある種の低融点金属が存在する。これらの金属は数十℃で固相から液相への相変化を起こすが、いかんせん非常に高価である。

そこで、最終的にあまり高価でない２種類の低融点合金を探し出すと、一つは、Bi/Pb/Sn/In合金であり、融点は57℃で、重量成分比は、Bi : 49.4%、Pb : 18.0%、Sn : 11.6%、In : 21.0%である。もう一つは、Bi/Sn/In合金であり、融点は77℃で、重量成分比は、Bi : 57.5%、Sn : 17.3%、In : 25.2%である。上述した種々の物質の相変化に関わる物性値をまとめて表１に示すがBi/Pb/Sn/In合金とBi/Sn/In合金に関しては融点しかわかっていない。

３．実験サンプルの作成とその構造

図１に実験サンプル作成プロセスを示す。実験基板はグリーンシート法で形成されている。表面にはタングステンによる発熱抵抗体とその電極とシールリ

ングパターンが、裏面にはシールリングパターンがそれぞれタングステンペーストを印刷・乾燥することにより形成され、約1580℃での還元雰囲気炉での同時焼結により発熱抵抗体とその電極配線を含むアルミナセラミック（92%）配線基板となる。

発熱抵抗体の抵抗値は10Ωになるように設計されている。0.75mm厚さのコバールウェルドリングが表面および裏面のシールリングパターンにAgローのシートを介してカーボン治具にセットされ、約830℃の還元雰囲気炉でAgロー付けされる。熱抵抗体以外の表面に露出している導体金属および導体パターンは、Ni 2～3μmおよびAuが最低1.5μm電解メッキされる。

アルミナセラミック基板表面の発熱抵抗体の電極にリード線をハンダ付けすると、タイプAの実験サンプルとなる。

リード線を通すための小さな通孔を有する0.25mm厚さのコバールシェルを基板表面のウェルドリングにレーザ溶接する。コバールシェルは、実際のマルチチップモジュールでは多数の半導体素子の外気との遮断保護の役目をする。もちろんこの実験では、発熱抵抗体が半導体素子の代わりをしている。この状態がタイプBの実験サンプルである。

低融点合金を入れるための小さな角穴を有する別の0.25mm厚さのコバールシェルを基板裏面のウェルドリングにレーザ溶接する。低融点合金は溶かされ液体状態でこの小さな角穴から基板裏面のコバールシェル内に流し込まれる。冷却され低融点合金が凝固した後、小さな角穴は小さなコバールキャップをレーザ溶接することにより完全に気密封止される。これで実験サンプルが完成する。低融点合金としてBi/Pb/Sn/Inが封入されているのがタイプCサンプルであり、Bi/Sn/Inが封入されているのがタイプDサンプルである。

実験サンプルが完成した後、発熱抵抗体の抵抗値を測定すると10.5～11.5Ωのバラツキがあった。

実験サンプルの断面構造を図2に示す。アルミナセラミック基板の寸法は、50.8mm×76.2mm×1.5mm（厚さ）で、コバールシェルの高さは表面および裏面から双方とも3mmである。よって基板裏面のコバールシェル内に封入されている低融点合金の容積は約7.2cm^{3}であった。

2種類の低融点合金の液体および固体での物質密度を測定した結果を表2に示す。Bi/Pb/Sn/In合金の体積と重量は、固体から液体に変化することによりそれぞれ1.125倍および1.020倍になっている。またBi/Sn/In合金の体積と重量は、固体から液体に変化することによりそれぞれ1.086倍および1.014倍になっている。よってBi/Pb/Sn/In合金の物質密度は固相で9.06g/cm³液相で8.22g/cm³、Bi/Sn/In合金の物質密度は固相で8.78g/cm³液相で8.20g/cm³であった。

4．実験サンプルの作成とその構造

以下に、上述したプロセスで作成した実験サンプルを用いて行った熱実験方法および結果とその考察について述べる。

4―1　熱実験方法

実験に用いたA、B、C、Dの４タイプのサンプルの断面構造を図３に示す。ここにおいて、

(a) タイプA　：アルミナセラミック基板＋表裏のウェルドリング
(b) タイプB　：タイプA＋表面のコバールシェル
(c) タイプC　：タイプB＋Bi/Pb/Sn/In合金を封入した裏面のコバールシェル

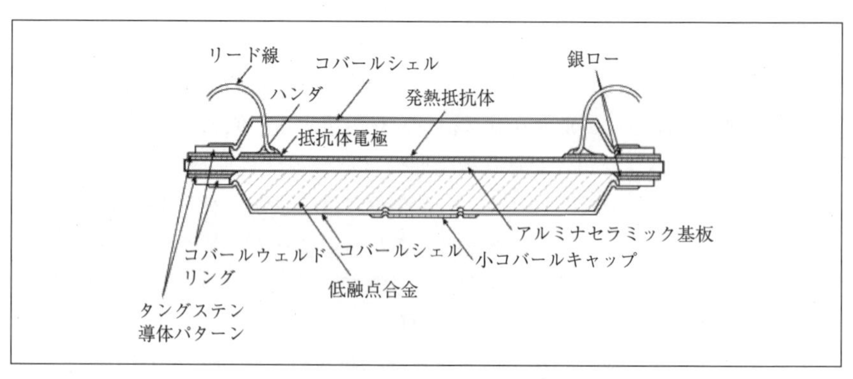

〔図２〕実験サンプルの断面構造

〔表２〕２種類の低融点合金の物質密度測定結果

相＼合金	Bi/Pb/Sn/In合金			Bi/Sn/In合金		
	体積 (cm³)	重量 (g)	物質密度 (g/cm³)	体積 (cm³)	重量 (g)	物質密度 (g/cm³)
固相	4.0	36.23	9.06	5.8	50.95	8.78
液相	4.5	36.97	8.22	6.3	51.68	8.20

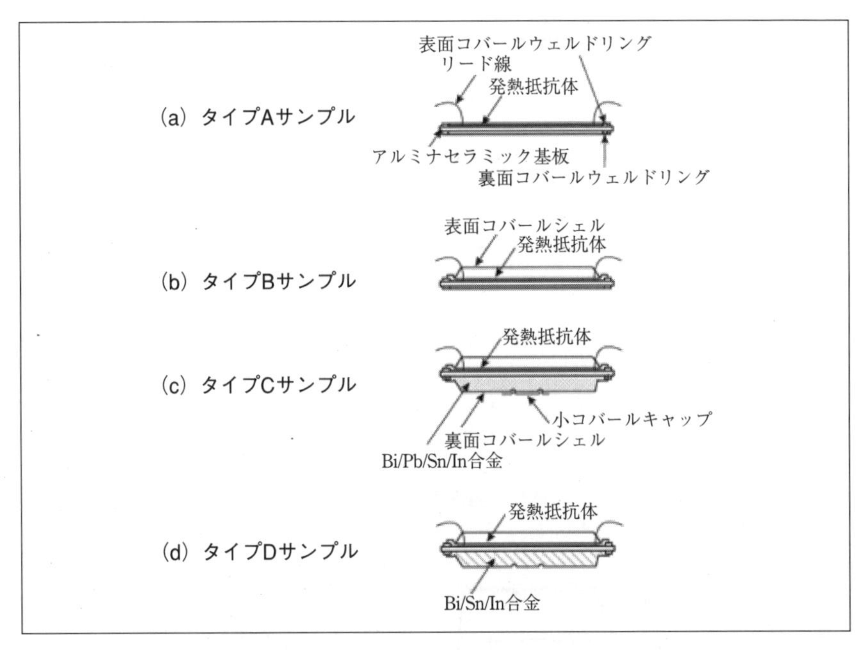

〔図３〕実験サンプルの断面構造

(d) タイプD　：タイプB＋Bi/Sn/In合金を封入した裏面のコバールシェル

マルチチップモジュールに搭載実装される多数の半導体素子の発熱は、アルミナセラミック基板表面に形成されたタングステンの発熱低抗体の発熱で代用した。発熱量は10 [W]～40 [W]まで10 [W]おきに変化させた。発熱低抗体の抵抗値が8.0Ωの場合、発熱量を10 [W]～40 [W]まで得るためには印加電圧を10 [V]～20 [V]に変化させた。

電圧が発熱低抗体に印加されるやいなや、各々のタイプのサンプルの表面および裏面の過渡温度上昇を赤外線サーモビィジョンで測定し、同時に熱電対測定法にて再確認した。温度上昇が始まって一旦飽和すると電圧を切り、今度は過渡的な温度の下降を測定した。各々のタイプのサンプルの表面および裏面の温度の測定点（a～e）を図４に示す。

5．熱実験結果とその考察

A～Dまでの各々のタイプのサンプルの表面および裏面の過渡的な温度の上

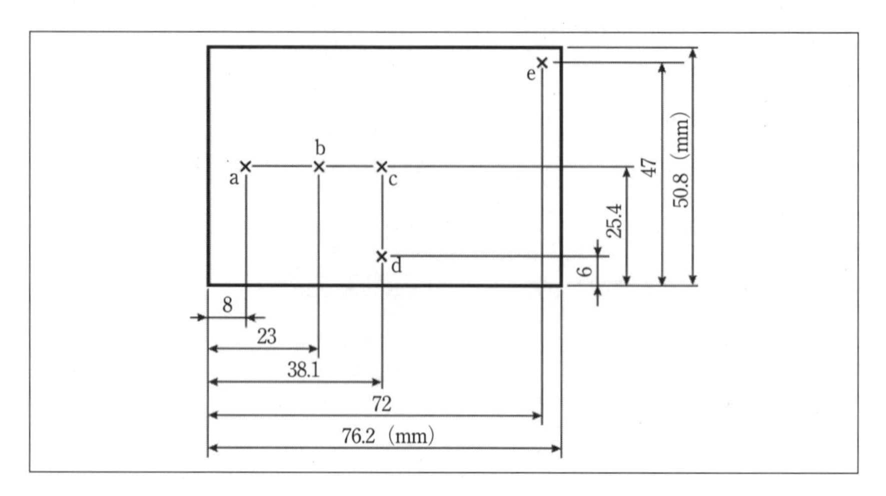

〔図４〕温度測定点（a～e）

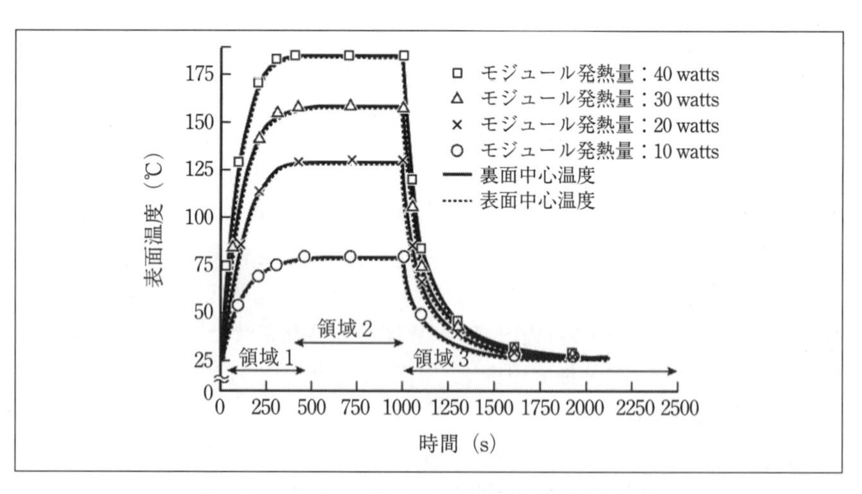

〔図５〕タイプＡの表面および裏面中央温度測定結果

昇および下降の測定データをそれぞれ図５～図８に示す。

図５および図６に示されるように、タイプAおよびタイプBのサンプルではそれぞれ３つの領域が観測された。

領域１： 発熱低抗体へ電圧が印加され、温度が上昇し始めて飽和するまでの

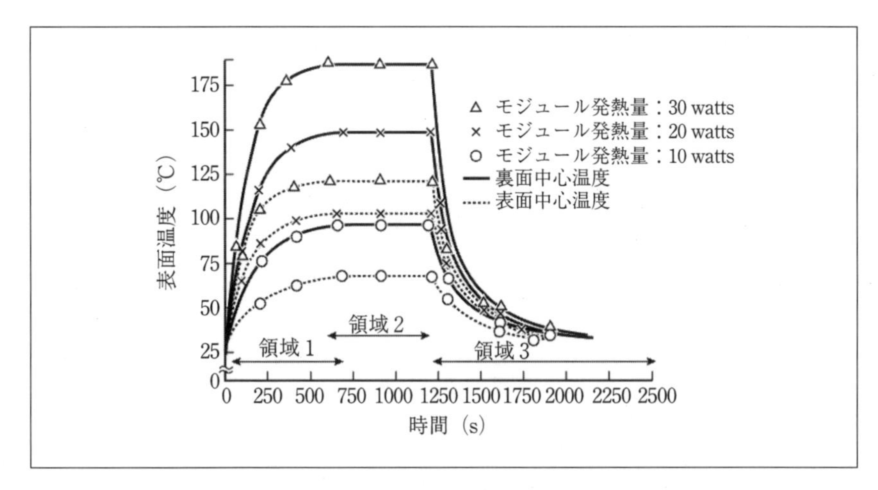

〔図 6〕タイプBの表面および裏面中央温度測定結果

期間。

領域 2： 温度が飽和している期間でありモジュールの熱平衡状態である。

領域 3： 発熱低抗体への印加電圧が切られ、温度が常温まで下がる間の期間。

温度が飽和するまでの期間である領域 1 は、実験サンプルであるモジュールの発熱量が増加するほど短くなる。さらにタイプAサンプルのこの領域は、タイプBサンプルのそれより短い。領域 2 においてモジュールの発熱量が同一の場合には、タイプBサンプルの裏面の飽和温度はタイプAサンプルのそれより高い。さらに、タイプAおよびタイプB双方のサンプルにおいて飽和温度はモジュールの発熱量に比例していない。温度が下降し始めて常温になるまでの冷却期間である領域 3 は、タイプAおよびタイプB双方とも飽和温度が高いほど長い。

図 7 および図 8 に示されるように、タイプCおよびタイプDのサンプルではそれぞれ 7 つの領域が観測された。

領域 1： 発熱低抗体へ電圧が印加され、温度が上昇し始めて低融点合金の融点に達するまでの期間。この領域では低融点合金は固体である。

領域 2： 低融点合金が固体から液体に相変化（融解）している期間。この領域ではセラミック基板の裏面温度は、低融点合金の融点に保持されている。

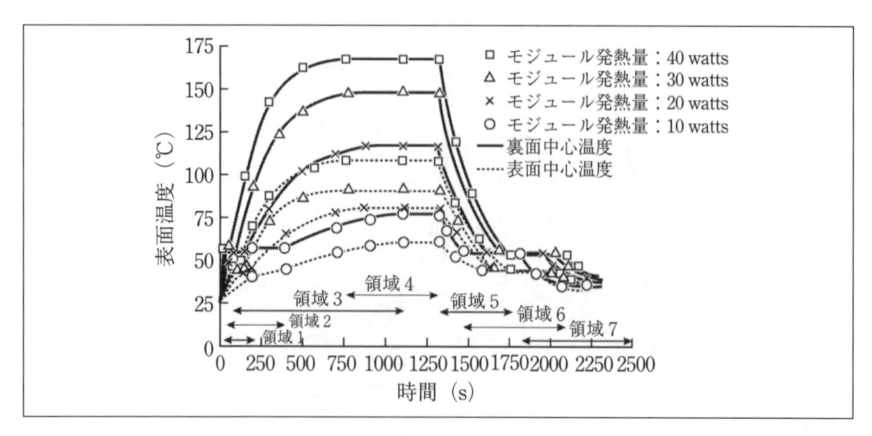

〔図 7〕タイプCの表面および裏面中央温度測定結果

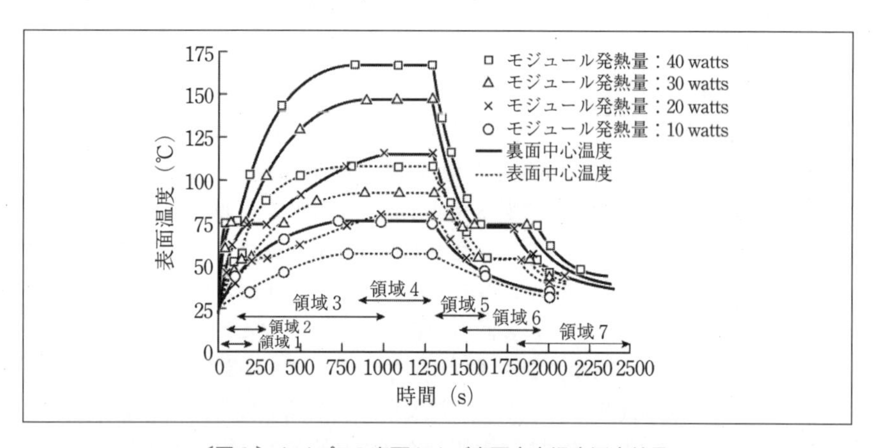

〔図 8〕タイプDの表面および裏面中央温度測定結果

領域 3 ： 温度が低融点合金の融点から上昇し始めて飽和するまでの期間。この領域では低融点合金は液体である。

領域 4 ： 温度が飽和している期間であり、低融点合金が液体になった状態でのモジュールの熱平衡状態である。

領域 5 ： 発熱低抗体への印加電圧が切られ、温度が低融点合金の融点まで下がる間の期間。この領域では低融点合金は液体のままである。

領域６： 低融点合金が液体から固体に相変化（凝固）している期間。この領域ではセラミック基板の裏面温度は、低融点合金の融点に保持されている。

領域７： 温度が低融点合金の融点から下降し始めて常温に達するまでの期間。この領域では低融点合金は固体のままである。

温度が低融点合金の融点に達するまでの期間である領域１は、実験サンプルであるモジュールの発熱量が増加するほど短くなる。図７よりBi/Pb/Sn/In合金の融点が57℃であること、および図８よりBi/Sn/In合金の融点が77℃であることが確認できる。

しかしながら図８において、モジュールの発熱量が10 [W]の時には発熱量が不足しているため、モジュールの表面および裏面温度はBi/Sn/In合金の融点に到達することができないのでタイプAおよびタイプBと同様に３領域しか観測されなかった。低融点合金が固体から液体に相変化（融解）している期間である領域２の長さは、モジュールの発熱量にほぼ反比例している。この期間セラミック基板の裏面温度は、低融点合金の融点にその融解熱による吸熱反応により保持されている。モジュールの発熱量が同一の場合、Bi/Sn/In合金のこの融解熱による吸熱反応による一定温度期間は、Bi/Pb/Sn/In合金のそれよりも長い。

裏面のコバールシェル内のすべての低融点合金が液体に相変化した後、温度が上昇し始めて飽和するまでの期間である領域３は、モジュールの発熱量が大きいほど短い。

温度が飽和している期間である領域４において、その飽和温度はモジュールの発熱量が同一の場合、低融点合金の種類には関係なくタイプC、タイプDサンプル共ほぼ等しい。 発熱低抗体への印加電圧が切られ、温度が低融点合金の融点まで下がる間の期間である領域５は、飽和温度が高いほど増加する。

冷却過程でのセラミック基板の裏面温度が低融点合金の融点に保持されている期間である領域６は、飽和温度やモジュールの発熱量には無関係でほぼ一定である。この期間は、Bi/Pb/Sn/In合金の場合約360secで、Bi/Sn/In合金の場合約320secである。さらに各々の低融点合金において、領域６の場合領域２の場合に比較し、なぜか2～3℃裏面のコバールシェルの温度が低いというヒステリシス現象が観察された。

温度が低融点合金の融点から下降し始めて常温に達するまでの期間である領

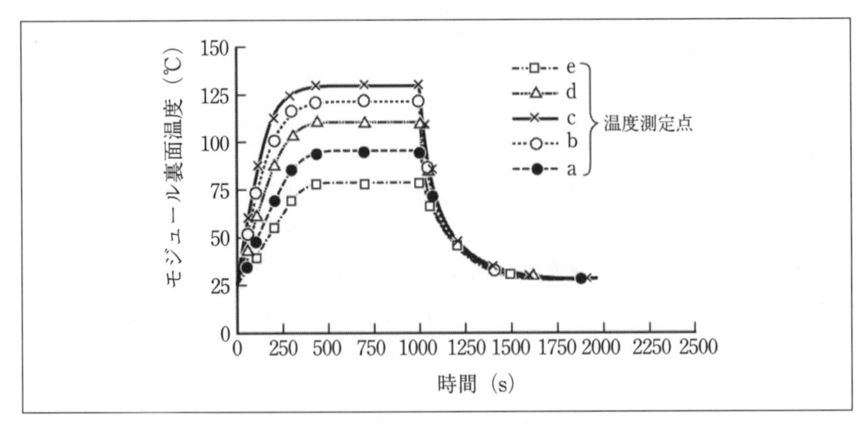

〔図９〕タイプAサンプルの裏面の温度分布状態

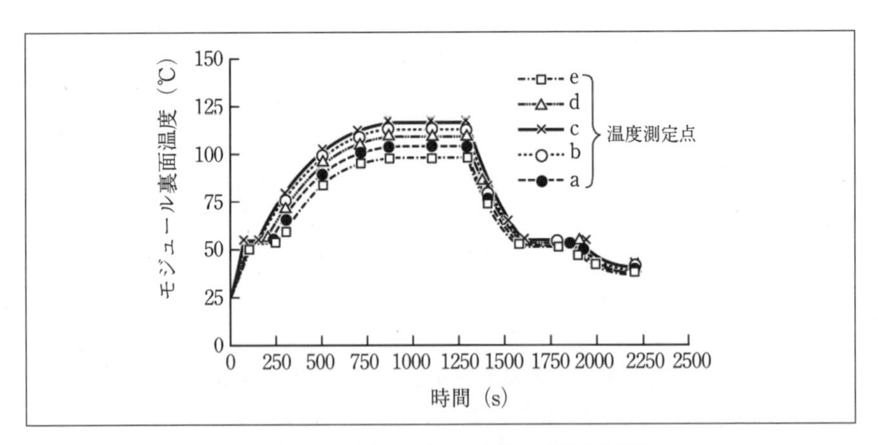

〔図10〕タイプCサンプルの裏面の温度分布状態

域７は、飽和温度には無関係でほぼ一定であった。

発熱量が20［W］の時のタイプAサンプルの裏面の温度分布状態を図９に、またタイプCサンプルのそれを図10にそれぞれ示す。サンプルモジュールの裏面の中心から周辺に向かっての温度勾配は、タイプCサンプルの場合タイプAサンプルに比較し非常に緩やかである。特にタイプCサンプルにおいて、モジュールの裏面温度がBi/Pb/Sn/In合金の融点になった時、モジュールの裏面温度分布は著しく一様となる。

6．熱解析による低融点金属の物性値の導出

すべてのサンプルにおいて、モジュールと空気との間の熱抵抗は、モジュールの発熱量が増大するほど低下してゆく傾向にある。これは発熱量が増大するほど自然対流と放射による放熱の影響が大きくなるため、見かけ上モジュールと空気との間の熱抵抗が減少するものと考えられる。

タイプAサンプルとタイプBサンプルのモジュールと空気との間の熱抵抗を比較してみると、タイプBのそれはタイプAのそれより高い。その理由は、タイプBサンプル表面積はタイプAサンプルに比べ表面が滑らかなコバールシェルで覆われているため実行的に減少しているものと考えられる。一方、アルミナセラミックの表面がそのまま露出しているタイプAサンプルは、アルミナの表面が一様でなく微視的にみると表面積が非常に大きくなっていると考えられる。

タイプCおよびタイプDサンプルの低融点合金の相変化にともなう一定温度期間である領域２の長さは、ほぼモジュールの発熱量に反比例している。従ってこの期間からBi/Pb/Sn/In合金とBi/Sn/In合金の融解熱を計算することができる。計算した結果、Bi/Pb/Sn/In合金の融解熱は約7.06cal/gであり、Bi/　Sn/In合金の融解熱は約11.4cal/gであった。

タイプCおよびタイプDサンプルの低融点合金の融点での一定温度期間である領域６の長さは、一定であり飽和温度に無関係である。この期間低融点合金はその融点（ヒステリシス現象により領域２に比較し2～3℃低い）にて熱放出しており、その放熱量は低融点合金の融解熱にその重量を乗ずることにより計算できる。

タイプCおよびタイプDサンプルの領域３におけるモジュールの過渡温度上昇の時定数は、領域１におけるそれよりも大きい。この理由は低融点合金の液相での定圧比熱が固相でのそれよりかなり大きく、そのため領域３でのモジュールの熱容量が領域１でのそれよりかなり大きくなったためと考えられる。

モジュールの過渡温度上昇とその時定数は、次のように式(1)と式(2)からそれぞれ求めることができる。

$$T(t) = T_{SAT}\left\{1-\exp\left(-\frac{1}{R_{PKG-air}\cdot C_{PKG}}t\right)\right\} \quad \cdots\cdots\cdots\cdots\cdots(1)$$

$$\tau_L = R_{PKG-air} \cdot C_{PKG} \quad \text{..........} (2)$$

ここにおいて、

$T(t)$ [℃]：モジュールの過渡温度上昇

T_{SAT} [℃]：モジュールの飽和温度

$R_{PKG\text{-}air}$ [℃/W]：モジュールと空気との間の熱抵抗

C_{PKG} [J/℃]：モジュールの熱容量

τ_L [sec]：モジュールの過渡温度上昇の時定数

τ [sec]：時間

である。

それゆえ、各々の場合において、τ_Lはモジュールの飽和温度（T_{SAT}）の63%までモジュールの温度が上昇した時までの時間に等しい。よって$R_{PKG\text{-}air}$およびC_{PKG}の値は、次の式(3)および式(4)と熱実験結果である図5～図8をもとに算出可能である。

$$R_{PKG-air} = \frac{\left(T_{SAT} - T_a\right)}{Q_{PKG}} \quad \text{..........} (3)$$

$$C_{PKG} = \frac{\tau_L}{R_{PKG-air}} \quad \text{..........} (4)$$

ここで、

Q_{PKG} [W]：モジュールの発熱量

T_a [℃]：空気温度

である。さらにC_{PKG}は同時に次のように式(5)により求めることも可能である。

$$\begin{aligned} C_{PKG} &= C_c + 2\left(C_w + C_s\right) + C_{air} + C_a \\ & C_c + 2\left(C_w + C_s\right) + C_a \end{aligned} \quad \text{..........} (5)$$

ここにおいて、

C_c [J/℃]：アルミナセラミック基板の熱容量

C_w [J/℃]：コバールウエルドリングの熱容量

C_s [J/℃]：コバールシェルの熱容量

C_{air} [J/℃]： 表面のコバールシェルの内側の空気の熱容量（この値は非

常に小さいので無視することができる）

C_a [J/℃]： 裏面のコバールシェルの内側の低融点合金の熱容量

それゆえ、低融点合金の固相および液相の定圧比熱は次の式(6)および式(7)より得ることができる。

$$C_{a,s} = \rho_{a,s} \cdot C_{pa,s} \cdot V_{a,s} \quad \cdots\cdots (6)$$

$$C_{a,l} = \rho_{a,l} \cdot C_{pa,l} \cdot V_{a,l} \quad \cdots\cdots (7)$$

ここにおいて、$C_{a,s}$ [J/℃]、$\rho_{a,s}$ [g/cm^3]、$C_{pa,s}$ [J (g･℃)]、$V_{a,s}$ [cm^3]はそれぞれ、領域1において低融点合金が固体である時の、熱容量、物質密度、定圧比熱および容積である。また、$C_{a,l}$ [J/℃]、$\rho_{a,l}$ [g/cm^3]、$C_{pa,l}$ [J (g･℃)]、$V_{a,l}$ [cm^3]はそれぞれ、領域3において低融点合金が液体である時の、熱容量、物質密度、定圧比熱および容積である。このようにして、低融点合金の固相および液相での定圧比熱を算出することができる。これにより液相での定圧比熱は、固相でのそれより約2.2倍も大きいことがわかった。

さらに固相および液相での低融点合金の熱伝導率の概略値は、次の式(8)から式(11)を用いることにより算出することができる。

$$R = \frac{1}{2\lambda(a-b)} \ln \frac{a}{b} \frac{(b+2d)}{(a+2d)} \quad \cdots\cdots (8)$$

$$R_T = R_c + R_a + R_S \quad \cdots\cdots (9)$$

$$\Delta T = Q_{PKG} \cdot R_T \quad \cdots\cdots (10)$$

よって、

$$\lambda_a = \frac{1}{2R_a(a-b)} \ln \frac{a}{b} \frac{(b+2d)}{(a+2d)} \quad \cdots\cdots (11)$$

ここにおいて、

R [℃/W]：各層の熱抵抗

λ [W/ (cm･℃)]：各層の熱伝導率

a, b [cm]：長方形の発熱源である発熱抵抗体の縦および横の長さ

d [cm]：各層の厚さ

R_c [℃/W]：アルミナセラミック基板の熱抵抗

〔表 3〕 2種類の低融点合金の物性値

物性特性＼低融点合金	Bi/Pb/Sn/In合金		Bi/Sn/In合金	
	固相	液相	固相	液相
物質密度 (g/cm³)	9.06	8.22	8.78	8.20
定圧比熱 (J(g･℃))	0.323	0.721	0.401	0.883
熱伝導率 (W/(cm･℃))	0.332	0.106	0.358	0.288
融点 (℃)	57		77	
融解熱 (cal/g)	7.06		11.4	

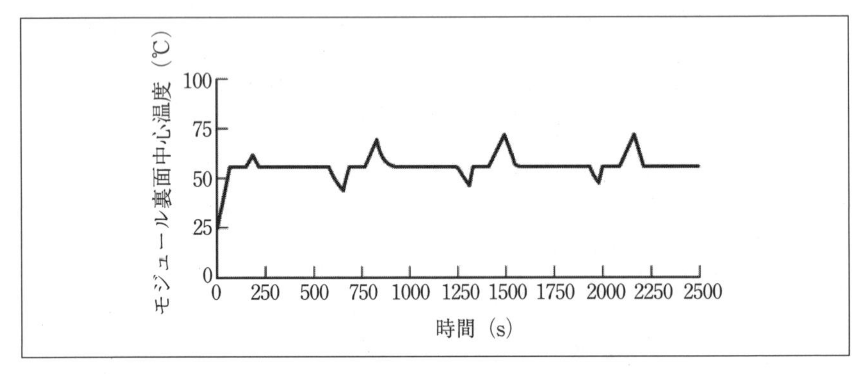

〔図11〕 タイプCサンプルでのモジュールの断続的高発熱試験結果

R_a [℃/W]：低融点合金の熱抵抗

R_S [℃/W]：裏面のコバールシェルの熱抵抗

R_T [℃/W]： アルミナセラミック基板の表面からモジュールの裏面までの熱抵抗

ΔT [℃]：アルミナセラミック基板の表面温度とモジュールの裏面温度との温度差

λ_a [W/(cm･℃)]：低融点合金の熱伝導率

低融点合金の概略の熱伝導率を求めるため上述の式(8)～式(11)を用いる時、螺旋状のタングステン導体による発熱抵抗体を長方形の発熱源とみなしている。なぜならば、アルミナセラミックの熱伝導率は非常に良いし、螺旋状のタングステン導体パターンの間隙はかなり小さいため、そのような近似をしても概略の熱伝導率を求めるには差し支えないと考えられる。

このようにして得られた2種類の低融点合金の物性特性値をまとめて表3に示す。 さらに、このような新しいタイプの相変化冷却技術の適用が最も有効的であるのは、例えばほんの短い間だけ非常に発熱する必要のある、ある種の防衛あるいは宇宙用の電子機器や、数分間非常に高発熱をした後ある一定時間休息しその後また数分間非常な高発熱を繰り返す必要があるような、ロボット用電子機器のある種のモータドライブ回路用のマルチチップモジュールに対しては特に有効であると考えられる。そこで、タイプCサンプルに対して3分間20 [W]で発熱させ8分間休息しその後また3分間20 [W]で発熱させるということを繰り返し、モジュールの裏面温度を測定した結果を図11に示す。モジュールの裏面温度は完全に約70℃以下に制御されており、さらにほとんどすべての期間Bi/Pb/Sn/In合金の融点である57℃に保持されていることがわかる。

14　断熱技術

1．はじめに

従来から建築の分野や宇宙の分野で断熱保温技術が発展してきており、その技術は、コンピュータの心臓部である半導体の世界や水素を貯蔵する分野などにも応用され、多方面で大きな役割を演じる時代になってきた。ここでは、断熱材を中心に断熱技術を紹介する。

2．プラスチックとゴムによる断熱材

一般の機器では、熱の進入や漏れを防ぐため、特殊な断熱材を用いず、金属に比べて熱伝導率が低い手軽で廉価な非金属固体を断熱材として使うことが多い。特に、プラスチックとゴム系製品は、手軽で廉価であるからである。表1にプラスチックとゴム系製品の熱伝導率を示す。ただし、ゴムやここに示していないダンボールは耐熱性に劣る。しかし、また、材料によっては、アスベストのように危険物を出すものもあり材料は慎重に選ばなければならない。

3．建築材としての断熱材

近年、高気密住宅が多く建てられるようになり、この分野での各種断熱材の開発は目覚しい。熱効率の面では経済的で、冬は暖かいなどのメリットが取り上げられるようになったが、その反面、高気密ゆえに室内の湿気がカーペットや畳、壁などに吸収され蓄積すると、室内の湿度のためにダニやカビの繁殖を促進してしまうという事態が発生している。このため、断熱は単に熱を遮断するだけではなく、健康への配慮も必要とされている。

建物の断熱性能を向上させるためには、熱を伝えにくい素材を、いかに効率よく組み合わせるかが大切である。一般的に、素材の密度が低く、内部に流動しない空気の層を多く含んでいるものほど熱を伝えにくい性質を有する。すなわち、その断熱性能を比較する基準として、建築分野でも伝熱分野と同様に「熱伝導率」を使う。熱伝導率が0.1以下の材料を建築では「断熱材」と呼んでいる。主な断熱材を表2に示すが、大きくは無機質と有機質に分類される。一

〔表１〕プラスチックとゴムの熱伝導率（20°Cの値）

物質	熱伝導率
	（W/m K）
ポリメチルメタクリレート（アクリル）	0.17～0.25
ポリエチレン（低密度）	0.33
ポリエチレン（高密度）	0.46～0.50
ポリプロピレン（PP）	0.125
ポリアミド（6ナイロン）	0.25
ポリ塩化ビニル（硬質）	0.13～0.29
ポリ塩化ビニル（軟質）	0.13～0.17
ポリスチレン	0.10～0.14
スチレン・アクリロニトル・ブタジエン（ABS）	0.19～0.36
フッ素樹脂PTFE	0.25
エポキシ樹脂	0.3
シリコーン樹脂	0.15～0.17
天然ゴム	0.13
エチレン・プロピレンゴム（EPDM）	0.36
ポリウレタンゴム	0.12～0.18
シリコーンゴム	0.2

〔表２〕主な建築用断熱材

	名　称	熱伝導率（W/m²℃）	備　考
無機質	ロックウール	0.03～0.05	溶解して繊維状にしたもの、不熱性
	グラスウール	0.03～0.045	
有機質	フォームポリエチレン	0.024～0.037	発泡性のプラスチック材料、着火温度が低い
	硬質ウレタンフォーム	0.021～0.024	
	ポリエチレン	0.03～0.045	
	ユリアフォーム	0.035	
	軟質繊維板	0.039～0.05	木質繊維
	水	0.02	
	木材	0.1～0.14	

〔表3〕

種類	説明
ロックウール	岩石や鉱さいを高温で溶かし、圧縮空気や遠心力で吹き飛ばしてワタアメ状にしたものである。
グラスウール	ガラスを溶かして、細孔から流下させて繊維状にしたものを、接着剤で集合体にし、ロール状や板状に成形したもの。
ユリアフォーム	独立気泡を含ませた液状のプラスチックを壁体などに注入して固定化させたもの
硬質ウレタンフォーム	ポリウレタンからなる泡断熱材で、発泡剤としてはシクロペンタンのようなノンフロンが使用されている
セルロースファイバー	新聞残紙など木質繊維（木材の繊維）を主原料としたバラ綿状の天然系の断熱材で、いまエコロジーの立場から注目を集めている。
セラミックファイバー	アルミナ (alumina) やシリカ (SiO_2) などの高純度の原料を電気溶解し、高圧の空気流で吹き飛ばして繊維化したものである。

般によく使われる材質は、ロックウール（岩綿：rock wool)、グラスウール（ガラス繊維：glass wool)、インシュレーションボード（軟質繊維板：insulation board)、ポリウレタンフォーム（poli urethane foam)、ユリアフォーム（yuria foam)、発泡プラスチック（Plastics foam）などである。代表的な言葉の説明を表3に示す。

詳しく平成11年4月に旧通商産業省が公表した建築材料の断熱性に係わる性能値である。これは、エネルギーの使用の合理化に関する法律（昭和54年法律第49号）第16条の規定に基づき、建築材料の断熱性に係わる品質の向上を促進するために、建築材料の断熱性に係わる標準的な性能値としてとりまとめたものを公表したものである。その際、均質と見なせる材料については、熱伝導率をもって表示する。空気層が組み合わされた材料および表面の形状が複雑な材料については、総合的な熱伝導率である熱貫流率で表示している。

3—1　天然系の断熱材

表3のなかで、セルロースファイバー（cellulose fiber）は、エコロジーの立場からの天然系の断熱材で、いま注目を集めている（図1)。セルロースファイバーは、新聞残紙など木質繊維（木材の繊維）を主原料としたバラ綿状の断熱材である。1940年代に欧米諸国で製造が始まり、1970年前半のオイル危機に際し、住宅の天井吹込み用として北米で急速に浸透し、1980年代には北欧でも

〔図１〕バラ綿状のセルロースファイバー（日本セルロースファイバー断熱施工協会提供）

寒地住宅を対象として使用され始めた。天井吹込み工法（ルーズフィル工法）用の製品は、わが国では1978年に国産化されたものである。古紙再生利用により、グリーンマーク、エコマークの指定を受けている。天然系の断熱材には、ほかにウール、炭化コルクなどがある。セルロースファイバーの主原料はパルプ80％のアメリカの新聞紙のリサイクル材が使われる。真綿のようなソフトな形にリサイクルされたものである。ウール系断熱材は羊毛の特徴として蓄熱する性質があるため、アパート、オフィスビル等以外に多方面にわたって活用できる。ウール系断熱材には、羊毛はもとより、羊毛に混合されるポリエステル（polyester）は無毒のものが使われ、またホルムアルデヒド（formaldehyde）を初めとする揮発性有機化合物（volatile organic compound）などの有害物質（toxic substance）を吸着するものもある。

３―２　セラミックファイバー（ceramic fiber）

そのほか、脱フロン型の高発泡ポリエチレン系断熱材がよく使われるが、セラミックファイバーも、軽量で柔軟、しかも優れた断熱性と耐熱性を兼ね備えているため、高温用耐火断熱材として、鉄鋼を初め非鉄、石油化学、窯業など、幅広い産業分野で使用されている。

セラミックファイバーはアルミナ（alumina）やシリカ（SiO_2）などの高純度の原料を電気溶解し、高圧の空気流で吹き飛ばして繊維化したものである。軽量で柔軟、しかも優れた断熱性と耐熱性を兼ね備えているのが特長である。高温用耐火断熱材として、鉄鋼を初め非鉄、石油化学、窯業など、幅広い産業分野で使用されているばかりでなく、図２に示すような製品群で、各種シール用、

〔図２〕セラミックファイバー製品例（イソライト工業株式会社提供）

〔図３〕断熱材用フェノール樹脂（住友ベークライト提供）

充填用、ろ過用、さらには複合材補強繊維として、その分野を広げている。ただし、熱伝導率は、200℃で0.05W/(mK)であっても、1000℃で0.2W/(mK)程度になり、断熱性能は劣化する。

3—3　フェノール樹脂（phenol resin）

フェノール樹脂（phenol resin）は、フェノール類とアルデヒド類を縮合重合させて得られる樹脂の総称をさすが、この一種である「ベークライト(Bakelite)」という名称で知られており、住宅用・自動車用の断熱材であるグラスウール、ロックウール製造時のバインダーとして使用され、優れた強度、

〔表4〕

区分	真空度
低真空	100kPa～100Pa
中真空	100Pa～0.1Pa
高真空	0.1Pa～10μPa
超高真空	10^{-5}Pa～10^{-8}Pa
極高真空	10^{-8}Pa 以下

（象印マホービンホームページより引用）

〔表5〕

種類 温度条件：内側 95℃、外側 20℃	熱伝導率（W/mK）
真空二重パイプ（真空幅 10mm）	0.0055
硬質ウレタンフォーム	0.020
発泡スチロール	0.037
グラスウール	0.044

復元性、作業性を示すことが知られている（図3）。フェノールとホルムアルデヒドからつくる。熱硬化性で、接着剤・ボタン・電話機などに使われる。

4．真空断熱（Vacuum insulation）

魔法瓶にはじまり家庭機器の多くに真空断熱が取り入れられている。例えば冷蔵庫への応用により本体の断熱特性が向上しており、省エネルギーに大きく貢献している。

ここでは、家電機器のなかでの真空断熱技術を紹介する。一番シンプルなのは、ステンレス管の中を真空にした魔法瓶構造であろう。一般に「真空」と呼ばれる状態は、その圧力範囲により表4のように区分される。

一般に魔法瓶には、高真空が使われ、冷蔵庫などで使われている「真空断熱材」は中真空に区分される。この真空室内の圧力（真空度）により断熱性能は大きく変化することが知られており、10－2Pa以下になる断熱性能は劣化する。この高真空での断熱性能を現在、様々な分野で使われている断熱素材と「高真空のステンレス真空断熱材」の熱伝導率を比較すると表5のようになる。ただ

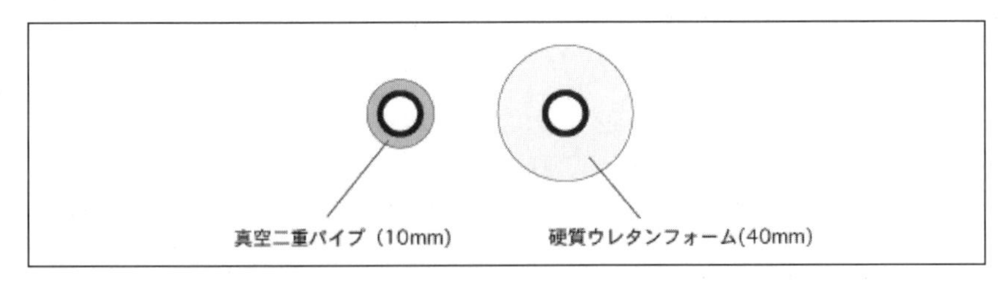

〔図４〕真空二重パイプと硬質ウレタンフォームとの断熱性能の比較（象印マホービンホームページより引用）

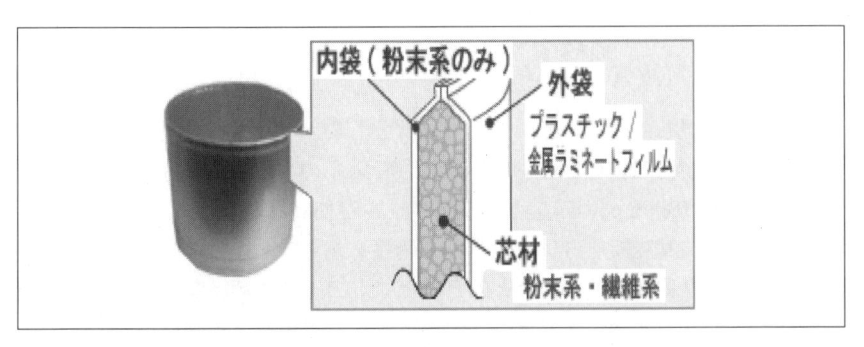

〔図５〕真空断熱材（松下電器ホームページより引用）

し、本来、真空断熱は他の断熱材とちがい厚みが影響しないため、熱伝導率評価はふさわしくないが、比較のため厚み、温度条件を仮定の上算出している。

これを放熱量で比較すると、図４でしめすように、真空二重パイプと同等の断熱性を維持するには約４倍の厚みのウレタンフォームが必要であることを示している。

また、真空度100～0.1Paの中真空でも断熱を効果的にするために断熱コア（insulation core）といわれる高性能な真空断熱材（vacuum insulation panel）が開発されている。たとえば、真空断熱材としては、図５のように多孔質構造のコア材をラミネートフィルムで外被し、内部を減圧して封止したものがある。気体熱伝導の寄与が、ほとんどゼロとなるため、優れた断熱特性が得られる。空隙率が90％以上あり、かつ残り10％を占める固体成分の熱抵抗を極限まで高めるため、特に繊維系のコア材において、伝熱方向に対して垂直となるように繊維を配列させることで、固体成分の伝熱寄与を限界まで極小化でき、優れた

〔図６〕真空断熱パネルの例（日清紡提供）

断熱特性を実現している。その際、外袋材として、プラスチック金属箔ラミネートフィルムが、内袋材としては不織布（粉末系のみ）が使われ、コア材としてシリカ粉末（Silica powder）とグラスウールが使われる。

このように、真空断熱材は、耐熱性・剛性をも考慮した外袋・コア材を使用することで、気体熱伝導率がほとんど「ゼロ」となるため、高性能な断熱性能を確保している。保冷・保温機器としてジャーポットなど、保冷機器として冷蔵庫、自販機に応用されている。

さらに、コア材に完全ノンフロン（水発泡）の硬質ウレタンフォームを使用し、表面層からコア層までを連続微細気泡の構造にし、袋材（表皮）には、非ガス透過性の金属系ラミネートフィルムを使用することで、熱伝導率 λ =0.004W/m·Kを達成した真空断熱パネルも開発されている（図６）。この値は、従来ウレタンフォームの６倍の値である。このパネルは家庭用冷凍冷蔵庫、各種保冷ボックス、住宅パネルでの応用が期待される。

5．宇宙での断熱技術（insulation technology for space）

宇宙では、直射日光のあたる部分が150度を超え、陰になる部分はマイナス100度に達するため、特殊な断熱技術が使われている。

5―1　MLIによる放射断熱（insulation ofradiation effect using MLI : Multi - Layer Insulation）

人工衛星（artificial satellite）には図７に示すように表面に金色の面が張られている。そのほとんどが多層断熱材MLIの表面である。MLIは機器と宇宙空間、

左から「ADEOS」「COMETS」「ETSVⅡ」のNASDAのキラキラの星たち。これらの衛星の外側の大部分が、サーマル・ブランケットで覆われている。

〔図7〕MLIの使用状況（宇宙開発事業団提供）

あるいは機器間の輻射熱結合を小さくするために用いるもので、MLIはフィルム素材に黄色のポリイミド（Polyimid）という高分子フィルムを使うが、それにアルミの蒸着（メッキ）をしているので金色に見える。ポリイミドは熱に強いのが特長である。またアルミ蒸着フィルムとプラスチック製メッシュを交互に積層したもので、通常10層である。輻射率の小さいアルミ面を、フィルム間の熱伝導をなるたけ小さくしながら重ねることにより断熱効果を著しく高めることができるが、MLIの断熱性能は、理論的にはフィルム枚数に比例するものの、現実にはメッシュなどを通しての熱伝導があるために、ある枚数以上では熱伝導が支配的になり、それ以上枚数を増やしても断熱性能は上がらない。

また、ポリイミドは耐熱性のほか、機械強度、電気絶縁性、耐薬品性に優れているため、成形用樹脂は、複写機の軸受けや自動車のタイヤホイール等の構造材として、また、フィルムは、OA機器やカメラ用のフレキシブルプリント配線基板、電線の絶縁被覆材等として広く利用されている。最近では、クオーツ時計や携帯電話の需要が増えている。

5―2　熱伝導材料

宇宙機内部の温度は、放射伝熱と熱伝導によって支配される。放射は上述のようにMLI等によって制御できる。熱伝導による熱の流れは適切な熱伝導率をもつ材料を使用することにより制御している。断熱材としては、ガラス繊維強化プラスチック（GFRP : glass fiber reinforced plastics）や建築の材料で述べたような高分子材料（high molecular compounds）などが使われる。

5―3　断熱性コーティング剤（coating materials for insulation）

宇宙機器の表面の被覆用コーティング剤には軽量の断熱性樹脂が要望されるが、コルクにフェノール樹脂を含浸したシート状の断熱材やシリコーンゴムにフェノール樹脂やガラスのバルーン（baloon：中空体）を分散混合した断熱材などが用いられ、最近では、重量や施工性も改良され、宇宙機器以外の用途として、例えば、オーブンなどの電気ヒータ、加熱炉、建材などへの適用が考えられている。

15　伝熱デバイス

1．はじめに

一般には、銅などの高熱伝導率材を用いて熱を伝えたり、フィンなどのヒートシンクを用いて、機器からの放熱を工夫している。しかし、このような受動型の方法では放熱に限界がある場合がある。そのときは、積極的に熱を伝えるデバイスを用いるほか、積極的に熱を吸収するデバイスを使うことが多い。ここでは、そのようなデバイスの代表的な例を紹介する。

2．ヒートパイプ

2―1　ヒートパイプの動作原理

ヒートパイプ（heat pipe）は小さい温度差で多量の伝熱量を輸送する伝熱部品ということができ、ヒートパイプ単体としては、重量当たり、体積当たりの熱コンダクタンスが銅、アルミニウムなどに比べても非常に大きい。この特徴は以下の動作原理から得られる。

標準的ヒートパイプは図１のように、ウィック（wick）と呼ばれる多孔質物質（金網、金属フェルトなど）を内壁に張った容器内に不凝縮ガスを除いて作動液を適量封入したものである。外から熱を受ける部分を蒸発部、外に熱を放

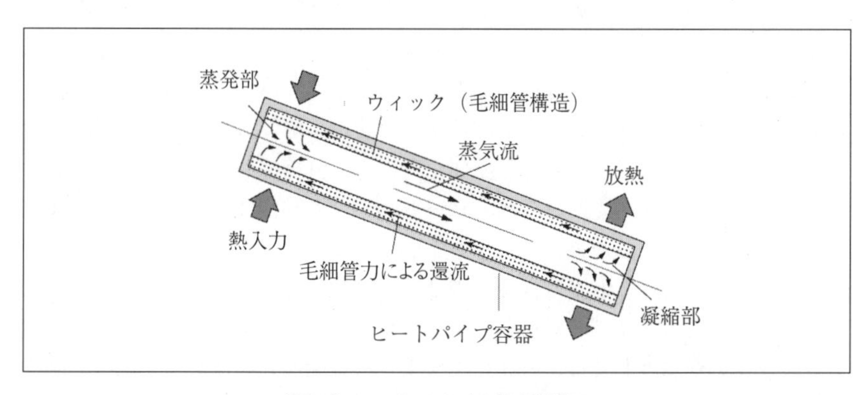

〔図１〕ヒートパイプの基本構造[1)]

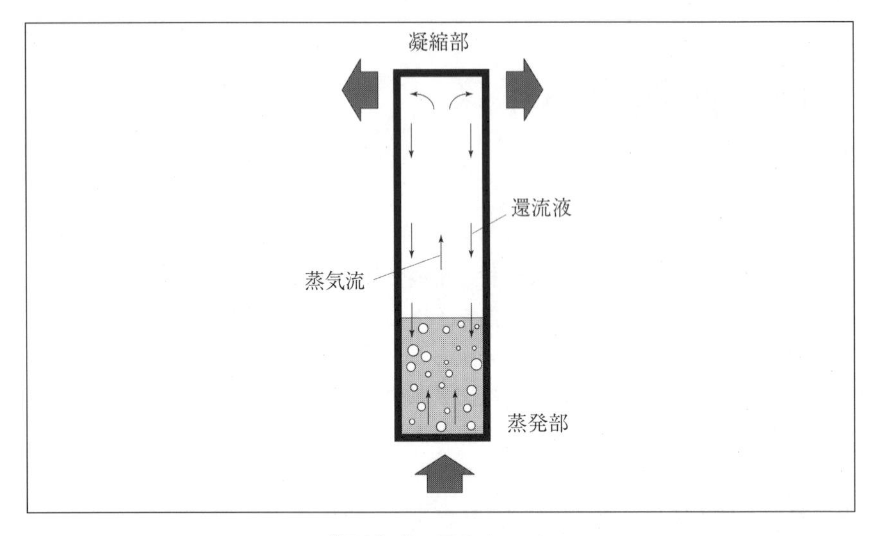

〔図2〕サーモサイフォン

出する部分を凝縮部、途中の部分を断熱部とよぶ。蒸発部において、外部からの熱によってウィック中の作動液が蒸発し、その蒸気はわずかな圧力差によって中央の蒸気通路を通って凝縮部に達し、ここで凝縮・液化する。このとき潜熱が放出され、ヒートパイプ外部のヒートシンクへ放熱が行われる。ウィック内の液体はウィックが有する毛管力によって蒸発部へ還流し、以下同様の動作を繰り返す。なお、図1の原理図においては、蒸発部を上方へ、凝縮部を下方に描いてあるが、この位置ではウィック内の液体は重力に逆らって流れることになり、もしヒートパイプの傾き角が大きくなって、ウィックの毛管力が重力と平衡状態になれば、液体は還流できないのでヒートパイプは動作しない。このように、ウィック構造のヒートパイプでは使用の位置（傾き角）に制限があることに注意を要する。逆に、蒸発部が下方で、凝縮部が上方であるときは液体の還流は重力によって助けられ、ヒートパイプの動作は促進される。それゆえ、構造を単純化するためにウィックを取り去って、重力のみによってヒートパイプの動作を行うことができる。図2は直立させた場合で、最も液体の還流効率がよく、このタイプのヒートパイプをサーモサイフォンという。

ウィックの構造としては、図3に示すように金網などのほか、グルーブ構造およびこれらを複合した構造などがある[1)]。ウィックをもつヒートパイプは重

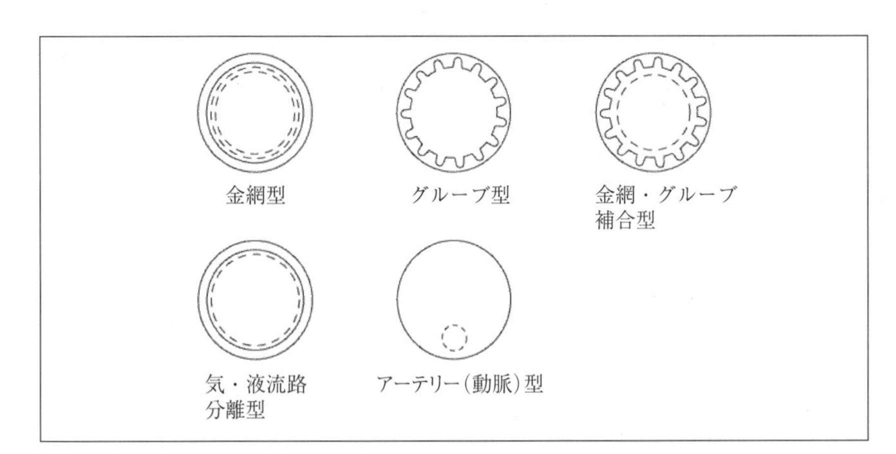

〔図3〕各種タイプのウィック例[1)]

力がなくても動作することが可能である。つまり宇宙などの微小重力環境においてヒートパイプはその特長を発揮する。実際、ヒートパイプは宇宙機器において、伝熱制御機器の主たる用途を有している。

2―2　ヒートパイプの輸送限界

ヒートパイプは等価熱伝導率のきわめて大きい伝熱部品であるが、液体の流れを利用して伝熱を行うので、この流れを阻害する原因があると、それによって熱輸送能力に限界を生じ、この限界には次のような場合がある。

◇毛管限界（capillary limitation）

蒸発部での加熱量を増加すると、毛管限界で蒸発部への還流量が不足し、蒸発部のウィックが乾ききってしまうことがある。多くのウィック型のヒートパイプでは、これが伝熱能力の限界となる。

◇音速限界（sonic limitation）

蒸発部出口で蒸気流が音速に達すると、これ以上加熱量を増加しても蒸気速度は増加しなくなるときが伝熱能力の限界となる。

◇飛散限界（entrainment limitation）

蒸気流とウィック中の作動液との相対速度が大きくなると作動液の一部が飛散し、このため蒸発部への還流液量が不足し、これが伝熱能力の限界となる。

◇沸騰限界（boiling limitation）

核沸騰の限界によるもので、蒸発部の一部が蒸気で覆われてしまい、局所的

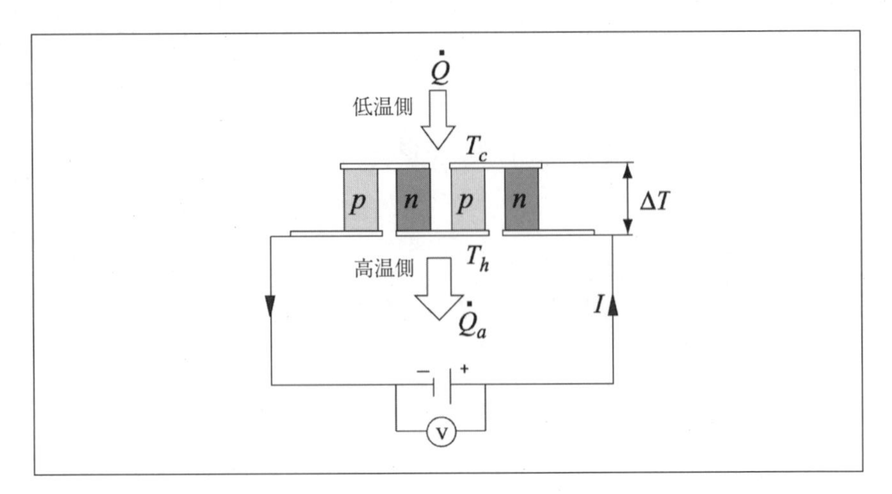

〔図 4 〕ペルチェ素子の原理[2)]

なバーンアウトを生じ、これが伝熱能力の限界となる。

3．ペルチェ素子の応用

3―1　ペルチェ素子の動作原理

ペルチェ素子は、図 4 に示すように、n形とp形の半導体を金属で接合したもので、図の向きに直流電圧をかけるとn形からp形に向って電流が流れ、n形では電流と逆方向に、p形では電流と順方向に熱の移動が起こり、図の上端の金属部分は吸熱源となって冷却を行うことができる。高温側に移動した熱を放熱すれば、熱を低温側から高温側に連続的に汲み上げることができる。これは電子的な冷凍サイクルあるいは電子的なヒートポンプである。これは、熱電効果または、ペルチェ効果とよばれる。なお、高温側の放熱は、吸熱量と動作電力による発熱量との和になることは機械式ヒートポンプと同様である

今、図 4 でペルチェ素子の低温側に負荷を、高温側にフィンなどの放熱器を設ける。いま、ペルチェ効果により、単位時間あたり吸収される熱量$\dot{Q}_a$(W)は、低温側温度をT_c(K)、電流をI(A) とすると、

$$\dot{Q}_a = (\alpha_p - \alpha_n)T_c \times 1 \quad \cdots\cdots (1)$$

となる。ここで、α_p、α_nはそれぞれp型、n型ペルチェ素子のゼーベック係数(Seebeck coefficient) とよばれる。

しかし、実際に吸収される熱量は、素子自身で発生するジュール熱と高温側から低温側への熱伝導により減らされる。

つまり、ジュール熱はペルチェ素子の電気抵抗をR（Ω）とすれば、

$$\dot{Q}_R = I^2 R \quad \cdots\cdots(2)$$

熱伝導による熱ロスは、

$$\dot{Q}_K = (K_1 + K_2) \cdot (T_h - T_C) \quad \cdots\cdots(3)$$

となるから、正味の吸収熱は

$$\dot{Q} = \dot{Q}_a - \dot{Q}_R - \dot{Q}_K \quad \cdots\cdots(4)$$

となる。ここで、(K_1+K_2) は高温側温度T_hと低温側温度T_cとの間のコンダクタンスでK_1は素子自体によるものでK_2は空気によるものである。

ここで、下記の例題を使い、ペルチェ素子からの熱の放出を考えよう。

[例題] ＊＊＊＊＊＊＊＊＊＊＊＊＊＊＊＊＊＊＊＊＊＊＊＊＊＊＊＊＊＊＊＊＊＊

電圧5V、電流3Aを流すと、20Wの熱を低温側から高温側に吸収するペルチェ素子があるとする。その場合、このペルチェ素子は高温側からは最低何Wの熱を周囲に放出することになるか。ただし、高温側から低温側への熱伝導によるロスは無視してよい。

[解答]

まず、式 (2) から自分自身で発生するジュール熱は

$$\dot{Q}_R = IV = 14\text{W}$$

となるので、低温度から高温度への吸収熱20Wと合わせ、最低

$$\dot{Q} = 14 + 20 = 34\text{W}$$

の熱を周囲（大気）に放出することになる。

よって、ペルチェ素子を使用するときは、高温側からの放熱方法を常に念頭に

〔表1〕ペルチェ素子の用途[1)]

	学術用	産業用	家電用
数W	レーザダイオード赤外線センサなどの冷却	電子恒温槽、ITVカメラの冷却	電子冷却枕
10W～	マイクロ波発振器	エレクトロニック用冷風機	ポータブル冷蔵庫
100W～		コンピュータ用冷風装置	電子冷水器

置かなければならない。

3―2　ペルチェ素子の特徴

ペルチェ素子には長所と短所があり、長所としては以下のようなことがあげられる。

①構造が単純で、小型軽量である。

②振動・騒音・摩擦がない。

③電流の大きさを変えれば冷却能力を連続的に変えることができる。

④保守・検査・整備が容易である。

一方、短所としては、つぎのことがいえる。

①機械式冷凍機に比べて熱移動量が、温度差が大きくなると効率が極端に悪くなる。

②材料が高価で加工性が悪い。

このように、ペルチェ素子は、冷凍サイクルとしての成績係数（coefficient of performance）が機械式冷凍機に比べて小さいが、上述の長所のために、表1に示すように特殊な用途に用いられている。

4．その他の最新の熱交換技術

4―1　振動流式ヒートパイプ

一般のヒートパイプは毛管力で液が還流する、いわば毛管力駆動型のヒートパイプであるが、このヒートパイプを細径化すると、最大熱輸送量が急速に減少することが課題となっている。そこで、細径に適したヒートパイプの候補として振動流式ヒートパイプが開発されている。一般に振動流式は形状が図5に

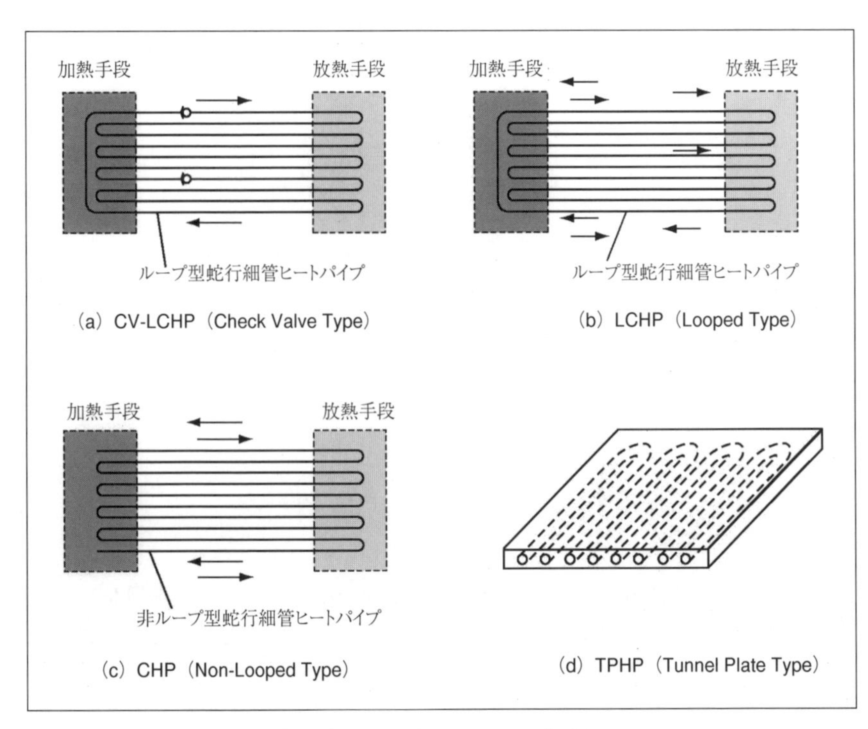

〔図５〕振動流式ヒートパイプの例[5)]

あるように蛇行しているので、蛇行細管ヒートパイプともいわれる。振動流式ヒートパイプといっても、強制振動流ではなく、蛇行閉ループ内に封入された二相流体の自励振動流あるいは自励脈動循環流を利用している。この振動を熱輸送に利用することで、熱輸送量、実効熱伝導率ともに毛管力駆動型ヒートパイプよりも数倍の高い値を示すことが報告されている[3)]。

4―2　マイクロチャンネル熱交換技術

半導体チップの裏面にミクロンオーダーの溝を切り、そこへ冷媒を流すマイクロチャンネル（miro-channel）を用いた冷却法は最初Tuckermanら[4)]によって提案された。半導体冷却で問題となる冷却部の接触熱抵抗を大幅に軽減でき、冷却性能を向上させることができる特長がある。また、浸漬冷却（immersion cooling）のようにチップ自体を冷媒の中に浸すことがないため機器の信頼性が向上することも期待されている。その後、半導体冷却指向のマイクロチャンネ

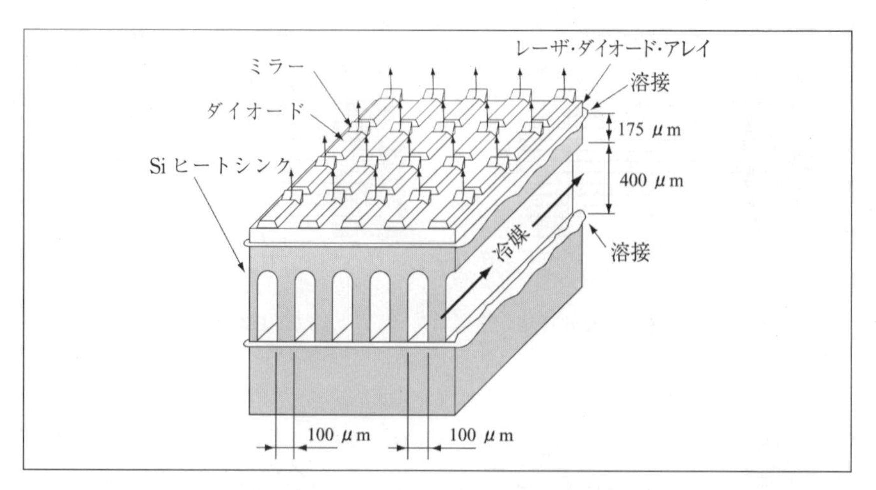

〔図６〕レーザ・ダイオード・アレイの構造[5)]

ルを用いた熱交換技術に関しては、様々な研究がなされてきたが実用レベルなものは極めて少ない。マイクロチャンネルを実際に応用した例として、高密度レーザ・ダイオード・アレイ（laser diode array : LDA）の冷却がある[5)]。図６は、約1×4mm^{2}のLDAが8×10mm^{2}の水冷式マイクロチャンネルヒートシンクで冷却した例である。LDAの発熱量は500W/cm^{2}である。ヒートシンクはシリコン（熱伝導率150W/(m·k)）で作られており、100μm×400μmの矩形チャンネルに水を流している。

著者紹介

石塚　勝
富山県立大学

略歴

昭和 50 年 3 月　東京大学工学部船舶用機械工学科卒業
昭和 56 年 3 月　東京大学大学院博士課程機械工学専攻修了（工学）
昭和 56 年 4 月　㈱東芝入社　電子機器の冷却に関する研究に従事
平成 12 年 4 月　富山県立大学工学部助教授
平成 15 年 4 月　富山県立大学工学部教授

著書：熱設計技術・解析ハンドブック、三松株式会社、(2008)、電子機器の熱設計—基礎の実際、丸善（2003)、丸善（2009）ほか多数

所属学会：日本機械学会フェロー、ASME フェロー、IEEE、日本伝熱学会、可視化情報学会

設計技術シリーズ
初めて学ぶ熱対策と設計法
半導体・電子機器の熱設計と解析

2015年3月23日　初版発行

著　者　　石塚　勝

発行者　　松塚　晃医
発行所　　科学情報出版株式会社
〒 300-2622　茨城県つくば市要443-14 研究学園
電話　029-877-0022
http://www.it-book.co.jp/

ISBN 978-4-904774-33-5　C2053